来发现吧，来思考吧，来动手实践吧
一套实用性体验型亲子共读书
8
365数学
趣味大百科
日本数学教育学会研究部 著
日本《儿童的科学》编辑部 著
卓 扬 译
U0191738
九州出版社
JIUZHOUPRESS
数学

图书在版编目（CIP）数据

365数学趣味大百科. 8 / 日本数学教育学会研究部，日本《儿童的科学》编辑部著 ; 卓扬译. -- 北京 : 九州出版社，2019.11(2020.5重印)

ISBN 978-7-5108-8420-7

Ⅰ. ①3… Ⅱ. ①日… ②日… ③卓… Ⅲ. ①数学—儿童读物 Ⅳ. ①01-49

中国版本图书馆CIP数据核字（2019）第237292号

著作权登记合同号：图字：01-2019-7161

来自读者的反馈

（日本亚马逊买家评论）

id：Ryochan

关于趣味数学的书有很多，像这种收录成一套大百科的确实不多。书里介绍了许多数学的不可思议的方法和趣人趣闻。连平时只爱看漫画类书的孩子，不用催促，也自顾自地看起了这本书。作为我个人来说，向大家推荐这套书。

id：清六

这是我和孩子的睡前读物。书里的内容看起来比较轻松，也相对浅显易懂。

id：pomi

一开始我是在一家博物馆的商店看到这套书的，随便翻翻感觉不错，所以就来亚马逊下单了。因为孩子年纪还小，所以我准备读给他听。

id：公爵

孩子挺喜欢这套书的，爱读了才会有兴趣。

匿名

这是一套除了小孩也适合大人阅读的书，不少知识点还真不知道呢。非常适合亲子阅读。

匿名

给侄子和侄女买了这套书。小学生和初中生，爸爸和妈妈，大家都可以看一看。

id：GODFREE

从简单的数字开始认识数学，用新的角度发现事物的其他模样，这套书让孩子尝试全新的探索方式。数学给我们带来的思维启发，对于今后的成长也大有裨益。

id：Francois

我是买给三年级的孩子的。如何让这个年纪的孩子对数学感兴趣，还挺叫人发愁的。其实不只是孩子，我们家都是更擅长文科，还真是苦恼呢。在亲子共读的时候，我发现这套书的用语和概念都比较浅显有趣，让人有兴致认真读下来。

id：NATSUT

我是小学高年级的班主任。为了让大家对数学更感兴趣，我为班级的图书馆购置了这套书。这套书是全彩的，有许多插画，很适合孩子阅读。

目 录

计算中的数学

测量中的数学

图形中的数学

规律中的数学

历史中的数学

生活中的数学

数学名人小故事

游戏中的数学

体验中的数学

目 录

本书使用指南

图标类型

本书基于小学数学教科书中“数与代数”“统计与概率”“图形与几何”“综合与实践”等内容，积极引入生活中的数学话题，以及“动手做”“动手玩”的内容。本书一共出现了 9 种图标。

计算中的数学

内容涉及数的认识和表达、运算的方法与规律。对应小学数学知识点“数与代数”:数的认识、数的运算、式与方程等。

测量中的数学

内容涉及常用的计量单位及进率、单名数与复名数互化。对应小学数学知识点“数与代数”：常见的量等。

规律中的数学

内容涉及数据的收集和整理，对事物的变化规律进行判断。对应小学数学知识点“统计与概率”：统计、随机现象发生的可能性；“数与代数”：数的运算等。

图形中的数学

内容涉及平面图形和立体图形的观察与认识。对应小学数学知识点“图形与几何”：平面图形和立体图形的认识、图形的运动、图形与位置。

历史中的数学

数和运算并不是凭空出现的。回溯它们的过去，有助于我们看到数学的进步，也更加了解数学。

生活中的数学

数学并不是禁锢在课本里的东西。我们可以在每一天的日常生活中，与数学相遇、对话和思考。

数学名人小故事

在数学历史上，出现了许多影响世界的数学家。与他们相遇，你可以知道数学在工作和研究中的巨大作用。

游戏中的数学

通过数学魔法和益智游戏，发掘数和图形的趣味。在这部分，我们可能要一边拿着纸、铅笔、扑克和计算器，一边进行阅读。

体验中的数学

通过动手，体验数和图形的趣味。在这部分，需要准备纸、剪刀、胶水、胶带等工具。

作者

各位作者都是活跃于一线教学的教育工作者。他们与孩子接触密切，能以一线教师的视角进行撰写。

日期

从 1 月 1 日到 12 月 31 日，每天一个数学小故事。希望在本书的陪伴下，大家每天多爱数学一点点。

阅读日期

可以记录下孩子独立阅读或亲子共读的日期。此外，为了满足重复阅读或多人阅读的需求，设置有 3 个记录位置。

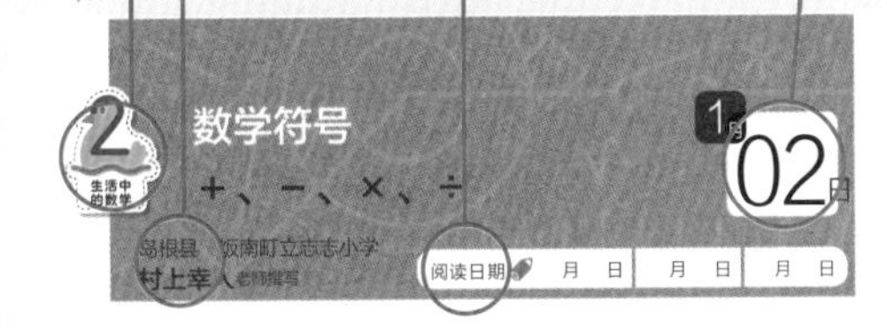

“+”与“-”的诞生

在数学中，“2 加 3”“6 减 5”之类的计算我们并不陌生。将它们列成算式的话，就是“2 + 3”“6 - 5”。不过，你知道这里面“+”与“-”是怎么来的吗？

“-”就是一条横线。据说，在航行中，水手们会用横线标出木桶里的存水位置。随着水的减少，新的横线越来越低。

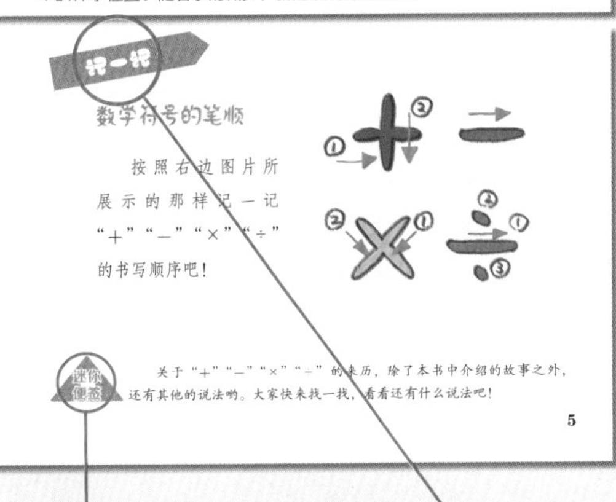

迷你便签

补充或介绍一些与本日内容相关的小知识。

引导“亲子体验”的栏目

本书的体验型特点在这一部分展现得淋漓尽致。通过“做一做”“查一查”“记一记”等方式，与家人、朋友共享数学的乐趣吧！

蜂巢为什么是六边形

8月 01日

大分县 大分市立大在西小学
二宫孝明老师撰写

阅读日期 月 日 月 日 月 日

规律的蜂巢形状

你见过蜜蜂的巢穴吗？蜂巢，是工蜂用自身蜡腺所分泌的蜂蜡修筑的。蜂巢里有许多蜂房，用于哺育幼虫和储藏蜂蜜。

当我们观察蜂房时，可以发现它是正六边形的。这些正六边形的小房子整整齐齐地排列起来，展现着一种秩序之美。蜂房为什么会是这种形状？选择正六边形，蜜蜂有它们自己的考量。

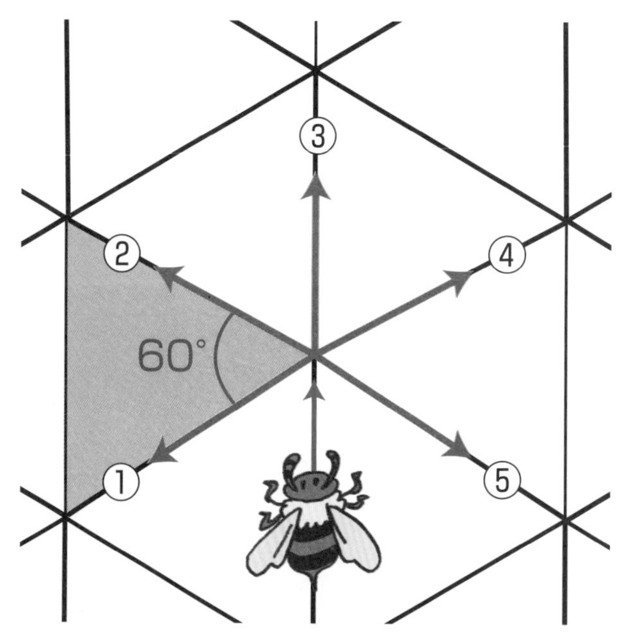

小蜜蜂，做蜂房。沿着壁，做蜂墙。三角形，要5面。六边形，只2面。谁节约，做哪种。

高效率的六边形

首先，我们知道用正六边形，可以在平面上组成一幅“无缝拼接图案”。也就是说，这是一个十分节约的形状。不过，正三角形、正四边形也具有相同的性质。

选择正六边形的原因有二。一是因为正六边形构成的空间，比正三角形更具有弹性。二是因为在无缝拼接图案中，正六边形形成的空间是最大的。

对于筑巢，蜜蜂们真是花尽了心思。相比起其他形状，正六边形还具有高效率和坚固的特点。

身边的正六边形

由正六边形所排列而成的结构，叫作蜂窝结构。它非常结实坚固，因而被广泛应用在新干线车厢内壁或飞机机翼等部件上。

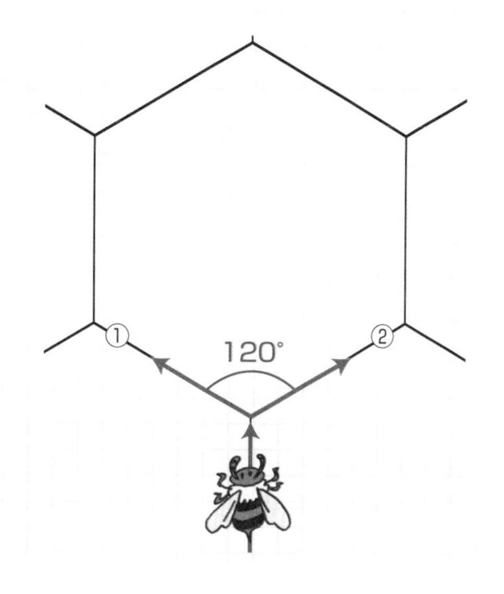

在平面上可以组成无缝拼接图案的正多边形，有正三角形、正方形、正六边形。它们的内角分别是60°、90°、120°，用几个相同的内角恰好可以拼成一个圆周360°。

隐藏在词语中的数字①

8月 02日

福冈县　田川郡川崎町立川崎小学
高濑大辅老师撰写

阅读日期　月　日　月　日　月　日

这些词语你听过吗？

语文和数学是不同的学科，看上去好像也没有什么关联。但真是这样吗？在回答这个问题之前，你听说过“七五三”吗？在日本，孩子三岁（男女）、五岁（男孩）和七岁（女孩）时，都要举行祝贺仪式，以保佑孩子健康成长。

像这样藏着数字的词语，还有很多呢。一起来看看吧。

· 双六：一种棋盘游戏，也称作双陆。以掷骰子的点数决定棋子的移动，率先把所有棋子移离棋盘的玩家获得胜利。

· 百足（蜈蚣）：因为蜈蚣有很多脚，所以人们就以“百”来命名这种动物。

· 双眼皮：在上眼睑的边缘有一道浅沟，看上去就像有两层眼皮一样。

· 两人三足：将一人左腿与另一人右腿绑在一起往前走的游戏，4 条腿好像变成了 3 条腿。

这些词语也藏着数字

在日本的许多地名中，也藏着数字。

· 九州：又称九州岛，有福冈县、大分县、宫崎县、佐贺县、长崎县、熊本县、鹿儿岛县。加上冲绳县也只有 8 个县，为什么称为九州呢？大家可以查一查。

· 四国：又称四国岛，有香川县、爱媛县、德岛县、高知县 4 个县，这个倒是符合名字呢。

· 千叶：日本千叶县的首府，从地名上来看，像是有许多叶子的地方呢。

· 九十九里滨：千叶县房总半岛太平洋沿岸的沙滨。“里”是古代的长度单位。九十九里离百里只差一点儿，看来是一条很长的沙滨哟。

· 四万十川：位于日本高知县西部，因未建设任何大型水库，而有“日本最后的清流”之称。

打开词典……

词典里有许多关于一、十、百、千等数字的词语，也有许多带有数字的人名、地名。从古至今，人们对待数字都不只是数数那么简单，数字早已与人们的生活紧密相连。

在词语中带上数字，可以方便理解意思，数字在不知不觉中就融入了生活。那么，在词语中出现最多的，是哪一个数字呢？

隐藏在词语中的数字②

8月03日

福冈县 田川郡川崎町立川崎小学
高濑大辅老师撰写

阅读日期 月 日 月 日 月 日

这些谚语你听过吗？

谚语，是在民间流传的通俗易懂的固定语句。在谚语和俗语中，也藏着许多数字哟。

· 藏着“一”的谚语和俗语：

“是一还是八（听天由命，孤注一掷）”“百闻不如一见”“一寸之前即是黑暗（前途莫测，难以预料）”“九死一生”“千里之行始于足下”“闻一知十”。

· 藏着“二”的谚语和俗语：

“从二楼倒下的眼药水（远水救不了近火）”“二瓜模样（一模一样）”“追二兔者不得其一（一心二用，一事无成）”“头生女孩二生男孩”。

· 藏着“三”的谚语和俗语：

“三局为定”“三日和尚（三天打鱼两天晒网）”“石上待三年（功到自然成）”“佛也只能忍三次（每个人的容忍是有限度的）”“早起三分利（早起总是有好处的）”。

· 藏着其他数字的谚语和俗语：

“五十步笑百步”“千年鹤万年龟”“万事休矣”。

这些成语你听过吗？

成语，是古代词汇中特有的一种长期相沿用的固定短语，来自于古代经典著作、历史故事和口头故事。来看看藏着数字的成语吧。

· 藏着数字的成语：

“十人十色”“一石二鸟”“七转八倒”“三五成群”“一期一会”“天下一品”。

除此之外，藏着数字的谚语和成语还有许多。大家还可以调查一下，不同的数字在词语中代表的含义。

造一造，猜一猜数字词语！

大家可以试着造出属于自己的数字词语哟。比如，“七起九寝：早上7点起床，晚上9点睡觉”，“五笔一橡：笔袋里有5支铅笔和1个橡皮擦”等。创造出数字词语后，可以让小伙伴猜一猜它的意思。

面对不懂的谚语和成语，大家可以翻开词典查一查，就当作是夏日的自由研究课题啦。

箱子高高堆起来

8月04日

神奈川县　川崎市立土桥小学
山本直老师撰写

阅读日期　月　日　月　日　月　日

什么样的箱子容易堆？

箱子有各种各样的形状。如果我们收集一些形状各异的箱子，然后把它们堆高，会出现什么情况呢？堆得越高，箱子越是摇晃得厉害，最后就塌下来了。所以，应该用哪种形状的箱子，以哪种方式去堆积，才能堆得又高又稳呢？

图 1

生活中常见的方箱子

我们收集了许多箱子，它们的面有三角形、六边形、圆形等。当然，最多的还是方形的箱子。方箱子所有面都是长方形或正方形，所有角都是直角，因此不管怎么堆积，都会与地面保持平行，不容易倾斜，非常适合堆高。如图 1 所示，堆积方箱子，是比较稳的。在商店里，要收纳物品的时候，一般会将东西放进方箱子里，然后进行堆积。

大家可以多找一些方形盒子来，堆高试试吧。

其他的形状也能堆

除了方箱子，像棱柱、圆柱的箱子，也可以容易地堆高。相对来说，上下表面互相平行的立体图形，就比较容易堆上去。

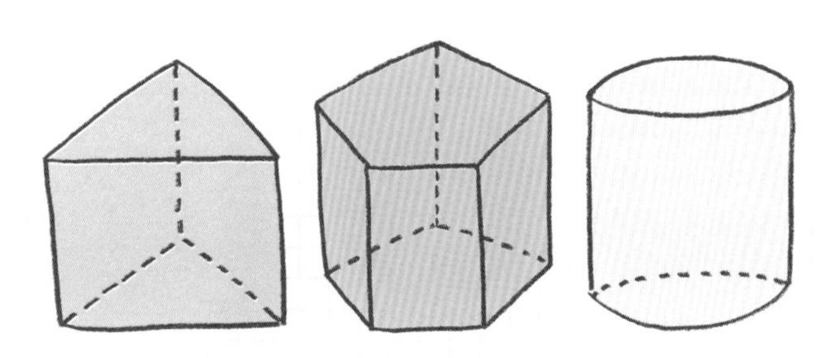

由 6 个长方形（有时相对的两个面是正方形）围成的立体图形，叫作长方体。由 6 个完全相同的正方形围成的立体图形，叫作正方体。

识别奥运会的年份

8月05日

岛根县　饭南町立志志小学
村上幸人老师撰写

阅读日期　月　日　月　日　月　日

4年一次的奥运会

2016年8月5日至21日，第31届夏季奥运会在巴西里约热内卢举行。下一届奥运会，将于2020年在日本东京举行。奥林匹克运动会，是4年一度的体育盛事。让我们来回顾一下，前几届奥运会举办的年份吧。

2012（伦敦）、2008（北京）、2004（雅典）、2000（悉尼）、1996（亚特兰大）、1992（巴塞罗那）、1988（首尔）、1984（洛杉矶）……快看，所有举办年份都可以被4整除哟。可能有些同学要提出："算一算才知道能不能整除呀。"今天，我们将分享一个快速识别数字能否被4整除的方法。

后两位数是关键

首先，我们知道100能被4整除。100÷4 = 25，没有余数。因此，100的2倍200，3倍300，以及900、1000、2000等都能被4整除。也就是说，只需要关注比100小的数能不能被4整除就可以了。2012的后两位数是12，12能被4整除，2000也能被4整除，所以2012能被4整除。

再来看看1992。根据之前的推导，可知1900能被4整除。因此，只需要考虑后两位数92，能否被4整除就可以了。因为92能被

4 整除，所以 1992 能被 4 整除。

不管是多么大的数，只需要观察后两位数，就可知道是否能被 4 整除了。

如图 1 所示，当除数发生变化，我们依旧可以利用相似的方法，来识别是否能被该除数整除。

图 1

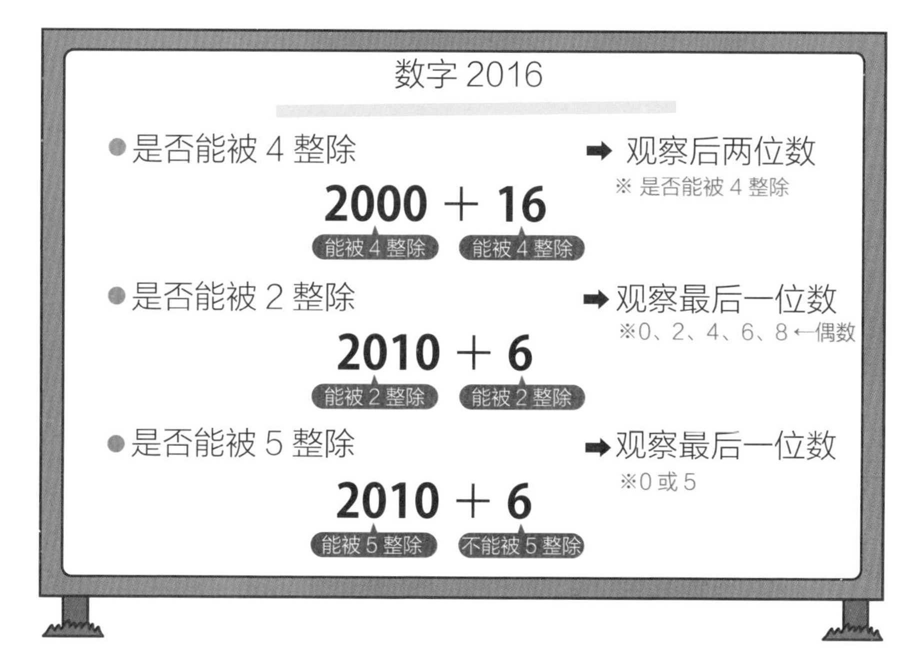

利用这种识别方法，可以知道后三位数是 000 的数（如 1000、97000 等），可以被 2、4、5、8 整除。还想知道其他的识别方法吗？那就翻到 8 月 6 日吧。

哪些数能被 3 整除

8月 06日

岛根县　饭南町立志志小学
村上幸人老师撰写

阅读日期　月　日　月　日　月　日

观察九九乘法表

就在昨天，我们学习了判断一个数是否能被 4 整除的方法。“那么，能被 3、6、7、9 整除的数有什么特征？”大伙儿的提问很多，说明每节课都有在认真思考哟。今天，我们就来学习哪些数能被 3 整除。

首先，基于九九乘法表，我们依次列出可以被 3 整除的数吧。

3、6、9、12、15、18、21、24、27、30、33、36、39、42、45、48、51、54、57、60、63、66、69……

发现这些数字的规律了吗？也许有点儿难，给一个小提示，试着把个位数加上十位数吧。比如，12 就是个位数 1 加上十位数 2 等于 3。按顺序做一做……

（3）、（6）、（9）、3、6、9、3、6、9、3、6、9、12、6、9、12、6、9、12、6、9、12、15……

发现了吗，这些数都能被 3 整除哟，这种规律也适用于更大的数。因此，如果一个数，每个数位数字相加的和能被 3 整除，这个数就能被 3 整除。

数字的位数很多怎么办？

那么问题来了，18763502 能被 3 整除吗？1 + 8 + 7 + 6 +

3 + 5 + 0 + 2，计算起来有点麻烦呢。如图 1 所示，用这样的方法就可以迅速判断比较大的数字了。

为什么用这种方法可以判断一个数是否能被 3 整除呢？这部分内容，将在初中时学到。让我们期待吧！

图 1

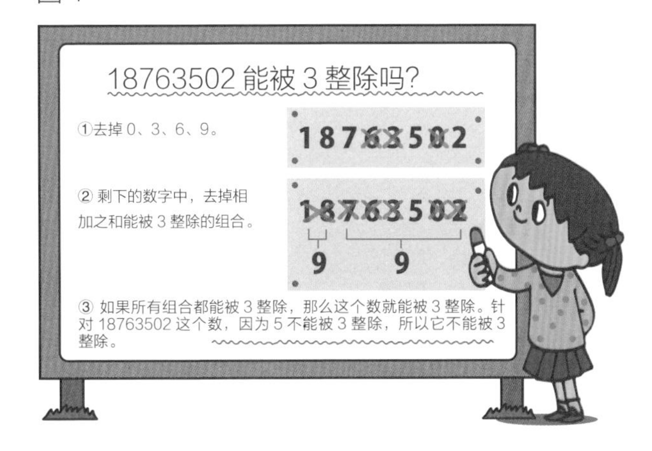

如图 2 所示，这是判断一个数是否能被 9 和 6 整除的方法。

图 2

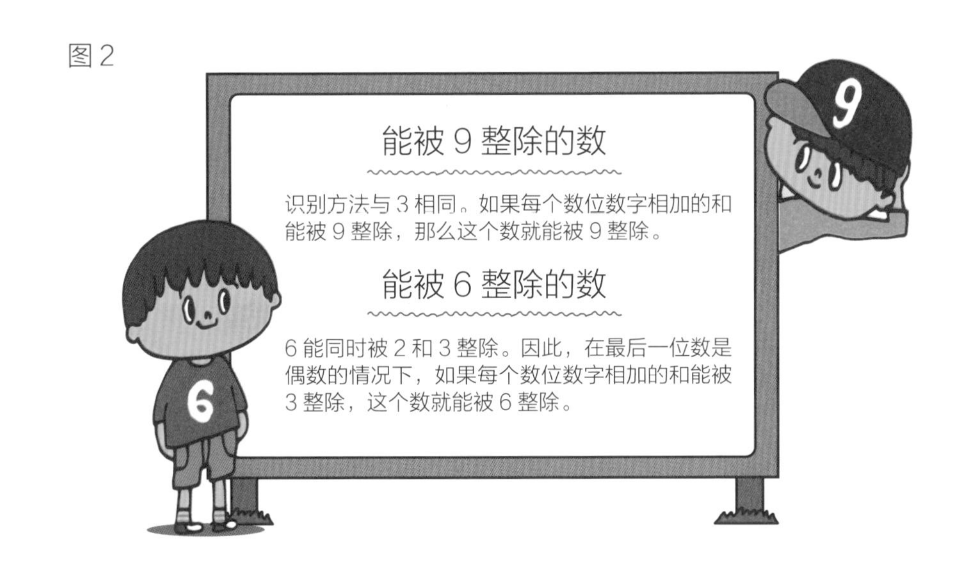

通过几天的学习，我们已经知道了判断一个数能否被某个数整除的方法了。“为什么没有 7 呀？”判断一个数能否被 7 整除的方法，相对来说有一点儿难，请见 7 月 14 日。

淘汰赛的比赛场次是多少

8月 07日

御茶水女子大学附属小学
久下谷明老师撰写

阅读日期 月 日 月 日 月 日

高中棒球的沸腾之夏

每当到了暑假，也就是日本高中棒球联赛开战的日子。为了达成终极梦想，各支队伍进行着激烈的争夺。棒球联赛采用淘汰赛制，来决出优胜队伍。参赛队伍和比赛场次有关系吗？今天，我们将对这个问题进行思考。

假设有 8 支队伍参赛，比赛结果不设平局，一定要决出胜负，那么在决出冠军时，一共需要进行多少场比赛？

如图 1 所示，这是 8 支队伍进行淘汰赛的进程。

大家数一数吧，从图 1 中我们可以知道，一共进行了 7 场比赛。

图 1

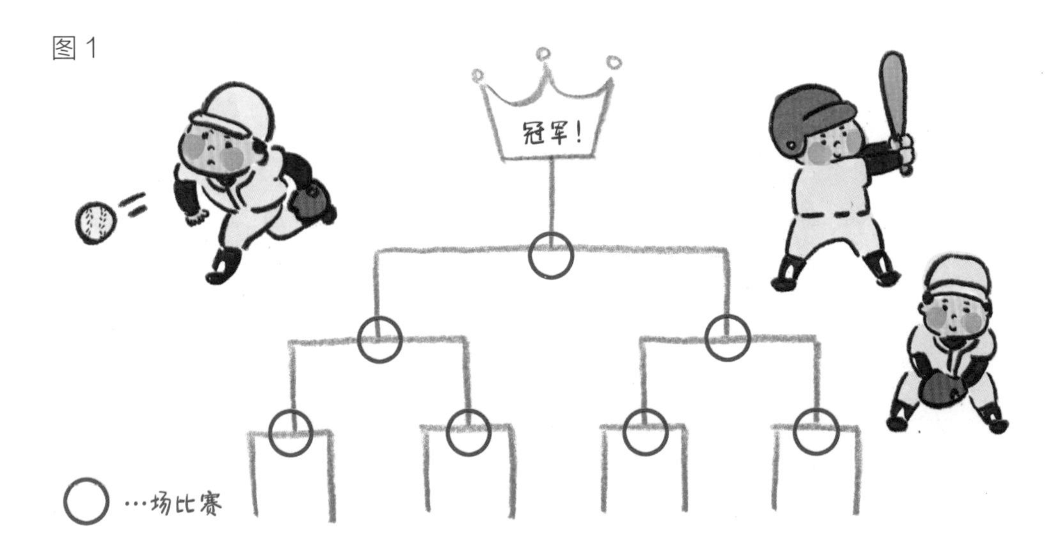

参赛队伍和比赛场次的关系

现在我们已经知道了，8 支队伍参赛需要进行 7 场比赛，那么，参赛队伍和比赛场次有什么关系呢？你可以设想一下答案。在找规律的时候，我们可以从简单的情况开始思考，这样有助于解决问题，发现规律。

比如，2 支队伍参赛时，需要进行 1 场比赛（2 支队伍的比赛能否定义为淘汰赛还不清楚）；3 支队伍参赛时，需要进行 2 场比赛；4 支队伍参赛时，需要进行 3 场比赛（图 2）。

那么 5 支队伍参赛呢？没错，进行的是 4 场比赛。

规律越来越清晰啦，参赛队伍数量减去 1 就是比赛场次，即“参赛队伍数量 - 1 = 比赛场次”。

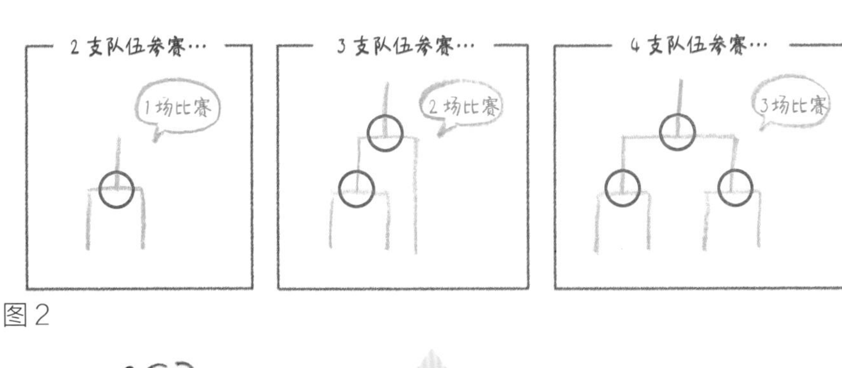

图 2

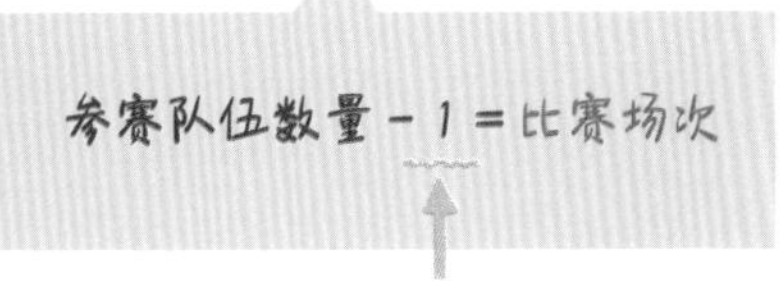

现在有 100 支队伍参加淘汰赛制的比赛。在不设平局的情况下，需要进行几场比赛？正确答案是 99 场。可知，比赛场次（99 场）= 输了比赛的队伍数量（99 支队伍）。

打算盘，按顺序从 1 开始往上加吗

8月 08日

立命馆小学
高桥正英老师撰写

阅读日期 月 日 月 日 月 日

有趣的算盘

在日本，大家把 8 月 8 日称为“算盘日”。因为打算盘发出的声音“噼啪噼啪”，和日语中 8 的发音很像。

今天的小学生流行学习英语、钢琴、游泳等，但在过去，班级中每天练习打算盘的学生会超过 70%，打算盘是一个很受欢迎的学习项目。

当然，面对复杂的运算，现在很多人会选择计算器，简单就能完成。

不过，当我们在“噼啪噼啪”打算盘的时候，会发现很多有趣的数字。

打算盘，从 1 加到 10，大家都知道和是 55。此时，算盘横梁上半部的 2 颗算珠并排坐好，看上去很舒服。

继续认真打算盘，加到 24 时答案是 300，加到 36 时答案是 666，加到 44 时答案是 990，这些算盘上的数字都好漂亮呀。

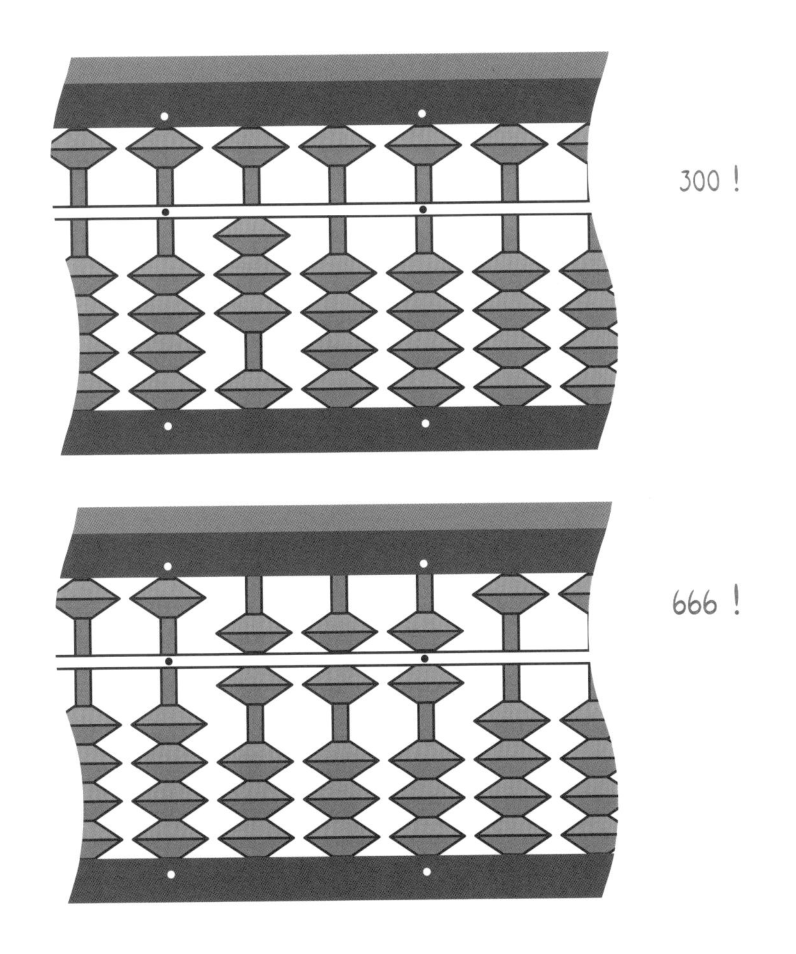

当我们继续向 66、77 和 95 出发，会遇到更多有趣的数。最后，加到 100 的话……现在就开始试试吧。

马拉松的距离——42.195千米的测量方法

8月 09日

东京都　丰岛区立高松小学
细萱裕子老师撰写

阅读日期　月　日　月　日　月　日

王后改变了比赛的距离？

你听过 42.195 这个数字吗？没错，这是长跑比赛项目之一——全程马拉松的距离。现在，全程马拉松的距离为 42.195 千米，不过在过去，马拉松比赛的距离并没有统一，约为 40 千米。

1908 年，第 4 届奥运会在英国伦敦举行。最初，马拉松比赛的起点设在温莎城堡，终点设在白城体育场（现已改建为 BBC 电视中心），距离为 26 英里（41.843 千米）。后来，亚历山德拉王后提出："为方便英国王室人员观看比赛，希望比赛从温莎城堡的庭院里开始，终点设在白城体育场的王室包厢前。"于是，距离比最初的增加了 352 米，之后的全程马拉松距离也因此被统一为 42.195 千米。

如何测量实际距离？

那么，马拉松线路的长度该如何测量呢？在过去，人们会使用绳子来丈量马拉松路线的长度，通常是在离道路边缘 30 厘米马路上拉一条绳子。

后来，普通绳子变成了钢丝绳。在日本，会使用直径 5 毫米、长 50 米的钢丝绳，像尺蠖挪动那样测量长度。用 50 米的钢丝绳丈量 42.195 千米的线路，$42195 \div 50$，可知需要重复操作 844 次。假设测量一次需要花费 5 分钟，一共需要花费 $5 \times 844 = 4220$ 分，约 70 小时。

以 1 天工作 7 小时计算，总共需要花 10 天的时间。看来不单是参加比赛的选手，就连测量线路的工作人员也不容易呀。

现在，丈量马拉松路线变得简单多了。人们在自行车上安上琼斯计数器，通过运转次数，就可以统计出精确的长度。

失败的英雄

在 1908 年伦敦奥运会的马拉松比赛中，意大利人多兰多·佩特里第一个冲过终点，却没有获得金牌。他在终点前因体力不支而摔倒了好几次，最后在工作人员的搀扶下冲过终点线。虽然被取消了冠军资格，但佩特里永不言弃的精神，让许多人深深折服。第二天，亚历山德拉王后给佩特里颁发了一个银制奖杯。

除了全程马拉松，还有半程马拉松（21.0975 千米）和四分马拉松（10.54875 千米），它们分别是全程马拉松的$\frac{1}{2}$和$\frac{1}{4}$。

识破鸽子的捉迷藏诡计了吗

大分县　大分市立大在西小学
二宫孝明老师撰写

阅读日期　月　日　月　日　月　日

悄悄逃走的鸽子

今天，将和大家一起解决一道风靡于世界各地的经典益智游戏。

有一位养鸽人，他每天都会到鸽舍数一数鸽子的数量。不过，这位养鸽人的点数方法有些与众不同，他不是一间鸽房一间鸽房地数，而是从 4 个方向看去，每个方向确定有 9 只鸽子就行了（图 1）。于是，问题来了。

图 1

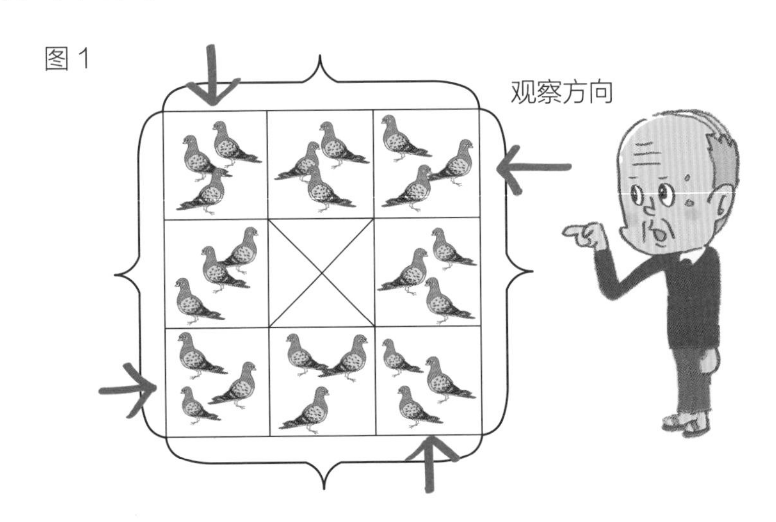

【问题 1】

某一天，有 4 只鸽子悄悄溜出了鸽舍。但当养鸽人来确认时，他从 4 个方向确实都看到了 9 只鸽子。因此，他完全不知道有鸽子溜出去了。那么在这个时候，每一间鸽房分别有多少只鸽子呢？

【问题 2】

鸽子是一种非常聪明的鸟类，它们会识别回家的路。昨天溜走的鸽子，今天已然飞回了家，神奇的是，还有 4 只鸽子跟着它们飞到了鸽舍。与往常一样，养鸽人又来数鸽子了。他从 4 个方向确实都看到了 9 只鸽子，因此，完全没意识到自家的鸽舍里多了 4 只鸽子。那么在这个时候，每一间鸽房又分别有多少只鸽子呢？（“鸽子捉迷藏”是一道基于日本经典数学游戏“盗贼隐”的益智游戏。答案请见“迷你便签”。）

游戏从哪里着手？

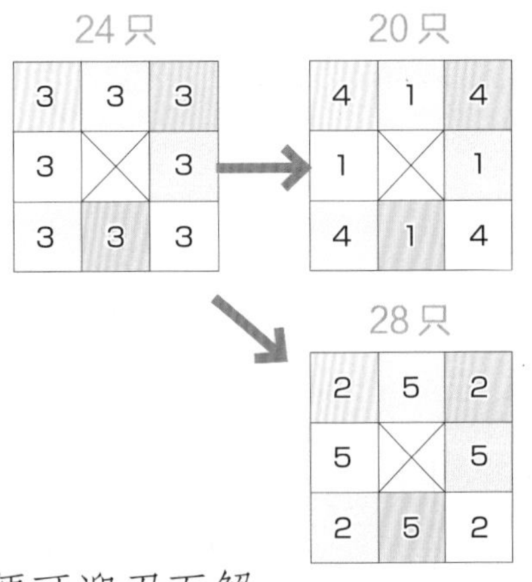

首先，请确认一下最初的鸽子分布。这个游戏的破解关键，在于 4 个角鸽房的鸽子是被重复计算的。虽然从 4 个方向确实都能看到 9 只鸽子，但鸽子总数可不是 9×4 ＝ 36 只。注意 4 个角鸽房的鸽子数，游戏便可迎刃而解。

【问题 1】当右上角鸽房有 4 只鸽子时，其他鸽房（顺时针）分别是 1、4、1、4、1、4、1。【问题 2】当右上角鸽房有 2 只鸽子时，其他鸽房（顺时针）分别是 5、2、5、2、5、2、5。这两道题，都还有其他答案哟。

空气的力量
能把筷子折断吗

8月11日

东京都　丰岛区立高松小学
细萱裕子老师撰写

阅读日期　月　日　月　日　月　日

用一次性筷子做实验

将一根一次性筷子放在桌子上，筷子的一半露在桌子边缘外，手掌从上往下，朝着筷子悬空部分的中间劈去。一次性筷子会劈断吗？不会哟。但如果我们使用一个小工具，就可以很容易地劈断筷子了。这个小工具，就是报纸。把报纸摊开，盖在桌上的筷子上。注意了，一定要让报纸与筷子严丝合缝，桌子与报纸之间也要不留缝隙。这时候再次挥手快速往下劈，一次性筷子居然被劈断了。（做实验的时候，小心筷子可能会被劈飞。）

厉害了！空气的力量

为什么后来筷子能被劈断呢？轻轻的一张报纸，居然可以压着筷子不动，真令人难以置信。这是因为，大气压在起作用。

大气压力，简单地说就是空气推挤物体的一种力。1 平方厘米报纸所受的大气压力约为 10.13 牛顿。报纸展开的大小，大约是 55 厘米 ×80 厘米 = 4400 平方厘米。也就是说，在小小的筷子身上，背负了 44572 牛顿的压力。正因为筷子上方的压力，它才能被轻松劈断。对折报纸之后，面积变为 2200 平方厘米，压力变为 22286 牛顿；报纸再对折，面积变为 1100 平方厘米，压力变为 11143 牛顿……覆盖在筷子上面的报纸面积越小，推挤筷子的力也就越小。

空气也在推挤着你我？

周围的空气也会给我们的身体施加一定大小的压力，但在同时，身体内部存在着一个大小相等的反作用力，所以我们平时感觉不到大气压。

【注意】如果报纸和筷子之间留有缝隙的话，报纸就不能按压住筷子了。万一筷子被劈飞，要小心自己和周围的安全哟。

猜拳谁更牛

8月12日

神奈川县　川崎市立土桥小学
山本直老师撰写

阅读日期　月　日　月　日　月　日

猜拳谁更牛

在与小伙伴进行石头剪刀布的猜拳时，有时会有“对方好强呀，我会输”的感觉。看来，都说猜拳靠运气，但也分厉害与不厉害嘛。猜拳的结果，有胜、负、平局 3 种情况。因此，胜的概率就是$\frac{1}{3}$。

不过，在平局的情况下，我们通常会再来一次“石头剪刀布”，直到两人决出胜负。在这种规则之下，胜的概率就变成了$\frac{1}{2}$。也就是说，如果一个人在数次猜拳中的胜率远远超过$\frac{1}{2}$，那么他就是猜拳牛人。反之，如果胜率远远小于$\frac{1}{2}$，那他确实不太善于猜拳呀。

胜率怎么比？

假设小 A 猜 10 次拳赢 6 次，小 B 猜 8 次拳赢 5 次。那么，他们之间谁更厉害？如果只按照赢的次数来判断，是小 A 赢的次数比较多。不过，如果以同等概率进行 80 次猜拳，会发生什么呢？小 A 能赢 6 次的 8 倍，48 次。小 B 能赢 5 次的 10 倍，50 次。这样看来，还是小 B 更加厉害。

当我们用数字来形容“强”与“弱”时，还需将一些规则（条件）考虑进去。发现、整理条件，也是对数学思维的一种考验。

体育世界的表现形式

在棒球运动中，安打数占全部击球数的比率，叫作打击率。在职业棒球中，打击率最高的人将被表彰为首席打击手。当然，想要成为首席打击手，还需要达到一定的击球数。如果不作这样的规定，就会出现匪夷所思的首席打击手：假设有人只击球 1 次，恰好把投手投出来的球击出到界内，实现安打，那么此时他的打击率就是 100%。

在足球中，进球数占射门次数的比率，叫作进球率。从进球率可以判断一位球员的射门水平。类似的说法，也广泛应用于各种体育项目中。

不用剪刀和胶带，做一个正四面体吧

8月13日

岛根县 饭南町立志志小学
村上幸人老师撰写

阅读日期 月 日 月 日 月 日

在6月9日的“用正三角形做立体图形”体验中，我们使用了剪、贴等手段来使纸张变身。今天，我们不使用剪和贴，就是简单地折一折，也可以做出正四面体哟。

● 做一做正三角形

准备一张图画纸，把它折成一个正三角形。

首先对折图画纸。

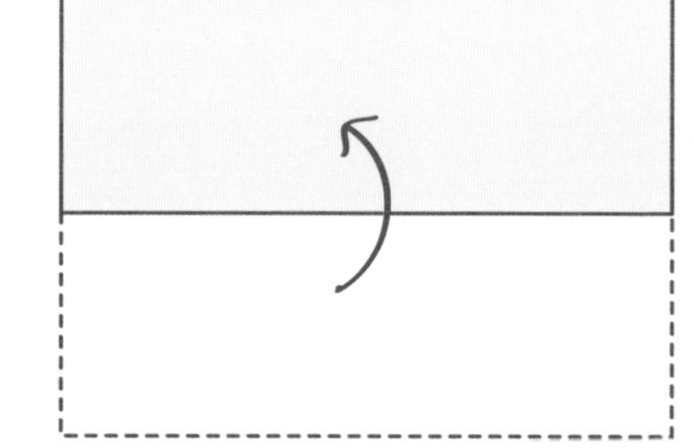

再对折一次。

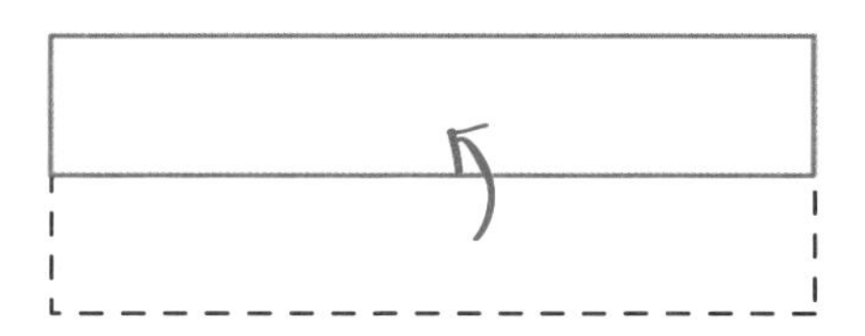

将图画纸左下角往折痕处折叠。

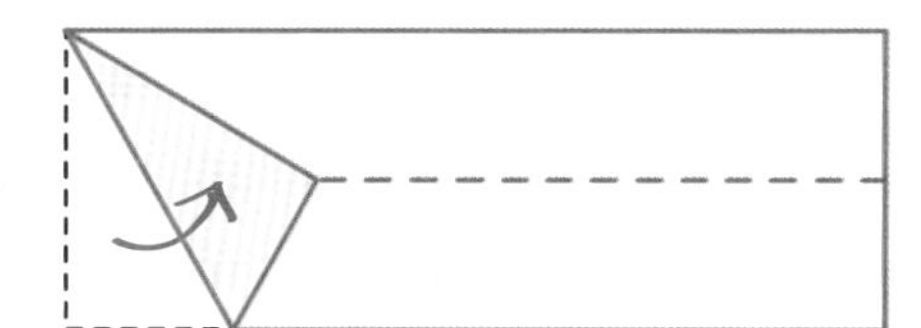

展开纸，在正中间留下折痕。

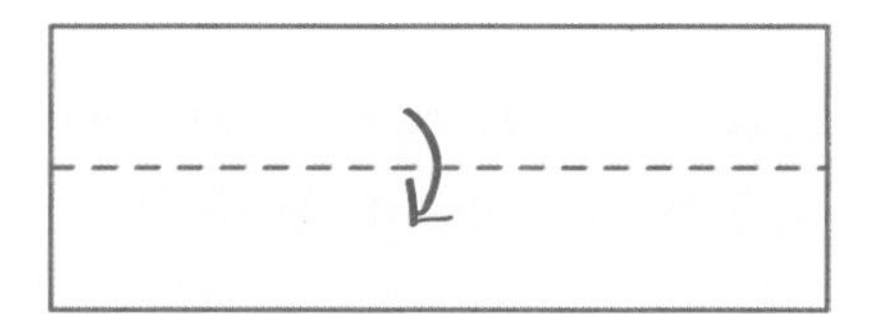

如下图所示，把三角形向右折。

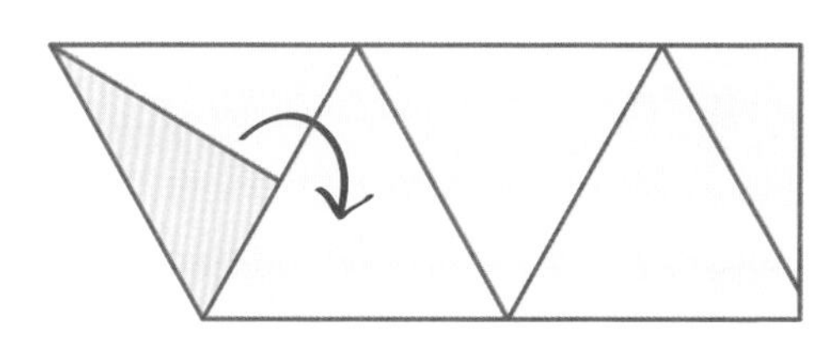

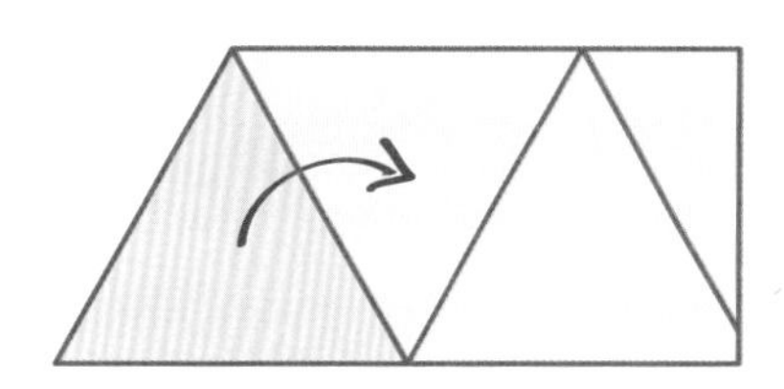

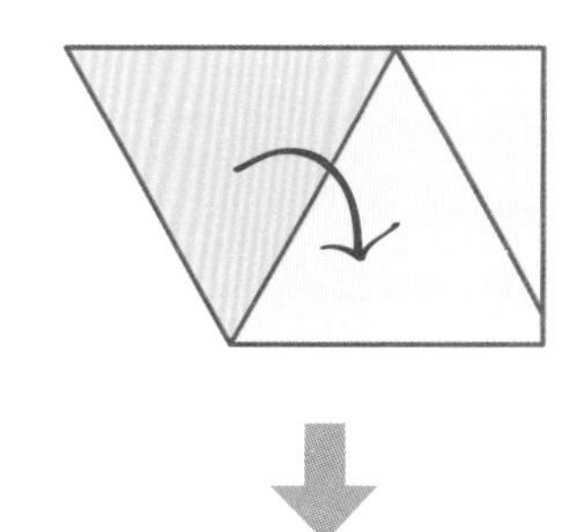

最后，把右边多出来的部分往左折。

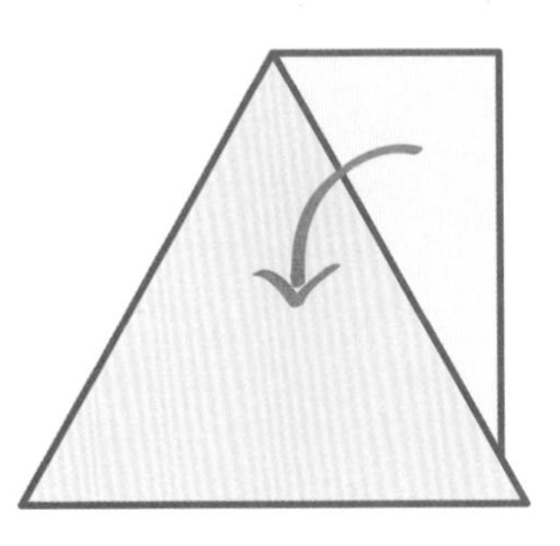

正三角形就折好啦。

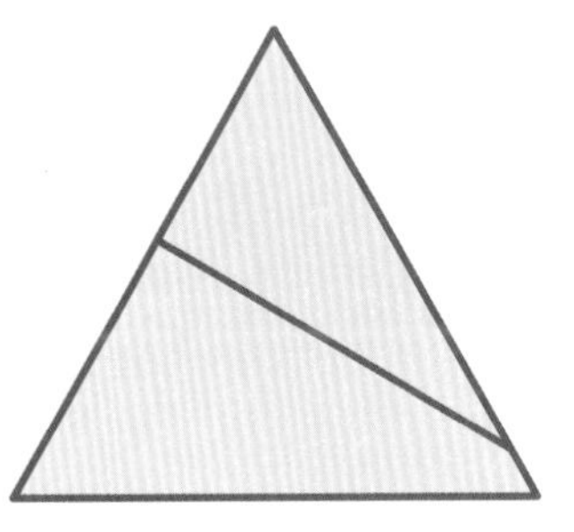

● 做一做正四面体

如下图所示，把折好的正三角形展开，组成正四面体。

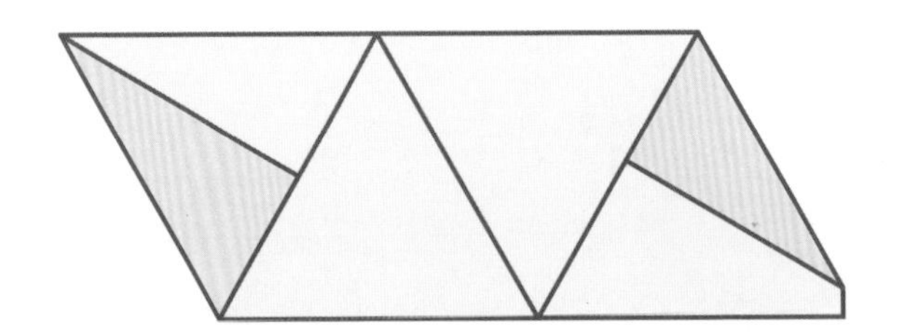

将纸的两端靠近

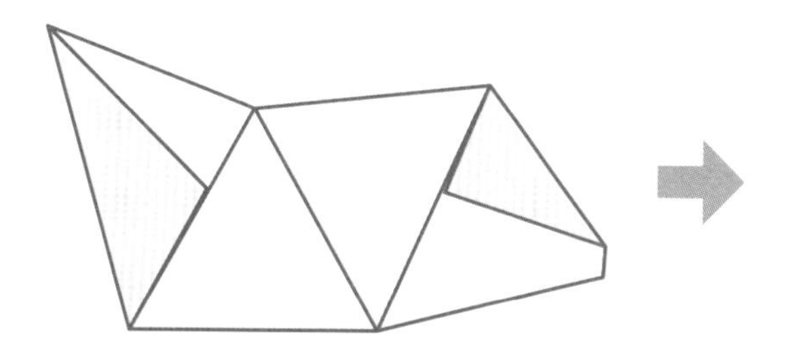

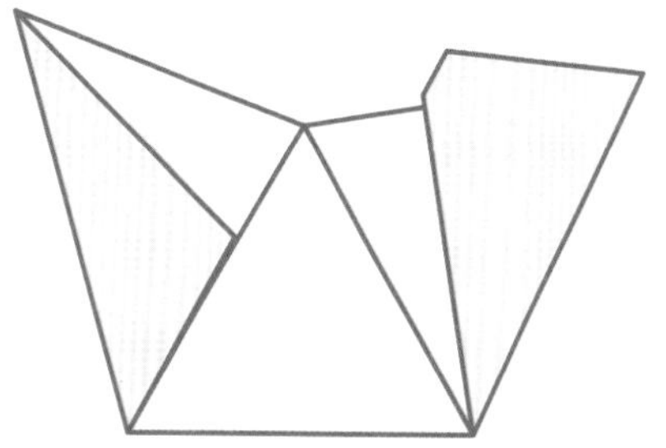

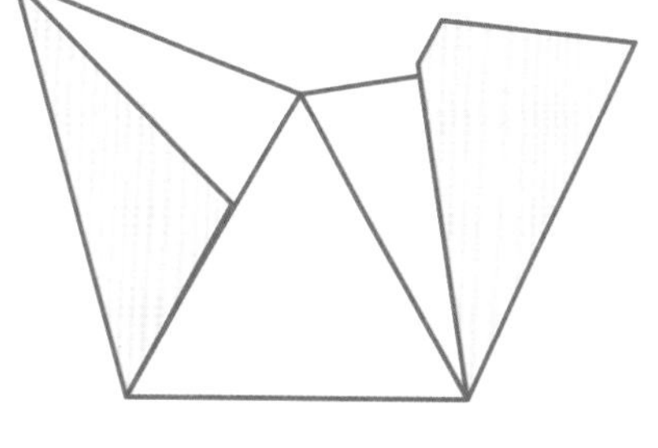

把右边部分插入左边的三角形中。

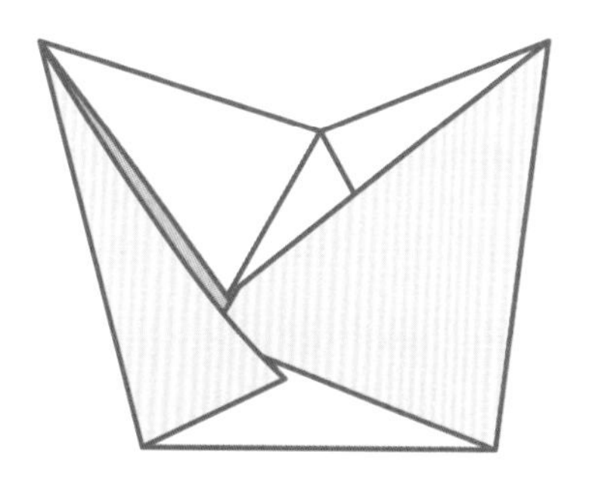

右边的部分插到底。

正四面体就做好啦。

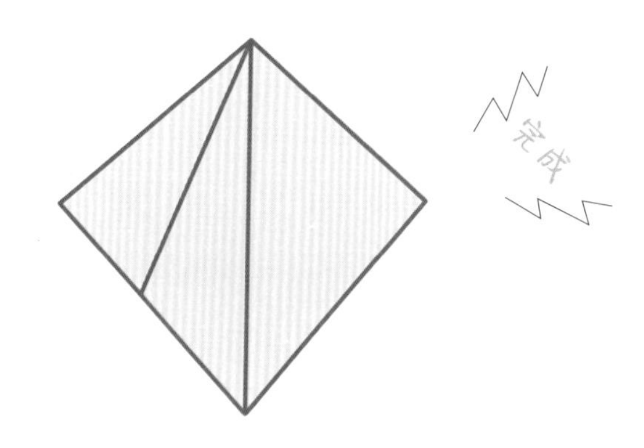

不使用剪刀和胶带纸，只是折一折，就能做好一个正四面体，快给厉害的自己点个赞吧。除了图画纸，复印纸和传单等也可以折出正四面体哟。

有空座吗？新干线上的数学

御茶水女子大学附属小学
冈田纮子老师撰写

8月14日

阅读日期 月 日 月 日 月 日

坐几个人都合适

日本新干线上的座位，被过道分为两人座和三人座。2 人一起乘车就坐两人座，3 人一起乘车就坐三人座，但是 4 人、5 人、6 人……当同行的伙伴增加的时候，应该怎样分配座位呢？

4 人一起坐时，两人座 ×2；5 人一起坐时，两人座 + 三人座；6 人一起坐时，三人座 ×2 或者两人座 ×3。人数继续增加，怎么分配座位呢？来看看 19 人同行的时候，应该如何分配座位吧。三人座 × 5 + 两人座 ×2，正合适。其实，只有当 1 人坐车的时候，才会在两人座上与不认识的小伙伴坐在一起。其他人数同行，并且两人座和三人座充裕时，每个人都能和朋友坐在一起（图 1）。

图 1

座位号的秘密

在两人座和三人座的车厢里，会用字母 A、B、C、D、E 和数字 1、2、3……等数字，来组成座位号。比如，座位 C7 表示的是，从左向右数第 3 列、从前向后数第 7 排的座位。用字母和数字的组合，可以表示平面上的位置（图 2）。

图 2

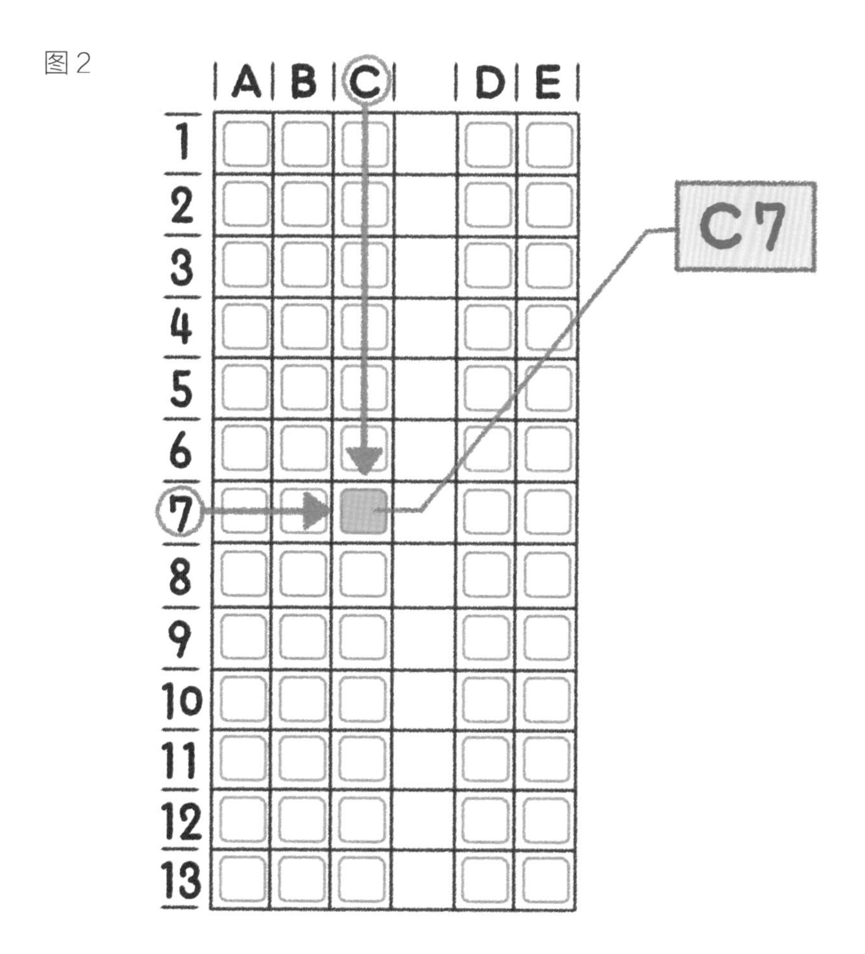

迷你便签

日本新干线是以名字加数字的组合来表示。上行列车的号码是偶数（个位数是 0、2、4、6、8），下行列车的号码是奇数（个位数是 1、3、5、7、9）。例如，新干线希望 102 号就是上行列车。

做一个四格漫画立体观赏器

8月15日

东京都　杉并区立高井户第三小学
吉田映子老师撰写

阅读日期　月　日　月　日　月　日

4个三角形组成的四面体

在日本，零食和牛奶常装在如图 1 所示的包装里。

这个几何体由 4 个正三角形组成，叫作正四面体。如图 2 所示，将 4 个正三角形相连的地方折起来，就能制作出一个正四面体了。

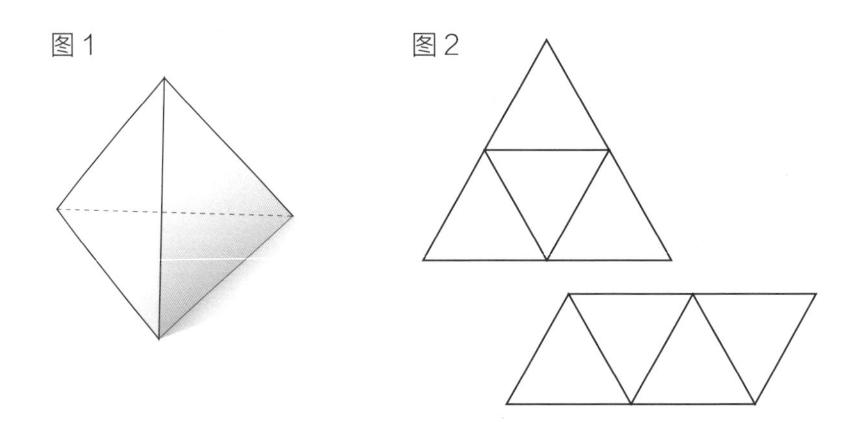

制作四格漫画立体观赏器

如图 3 所示，将 3 个正方形摆成这样的形状，就可以画出正三角形了。

在纸上画出大小相同的 4 个正三角形，然后剪下来。

在 4 个正三角形上，各画上漫画（图 4）。

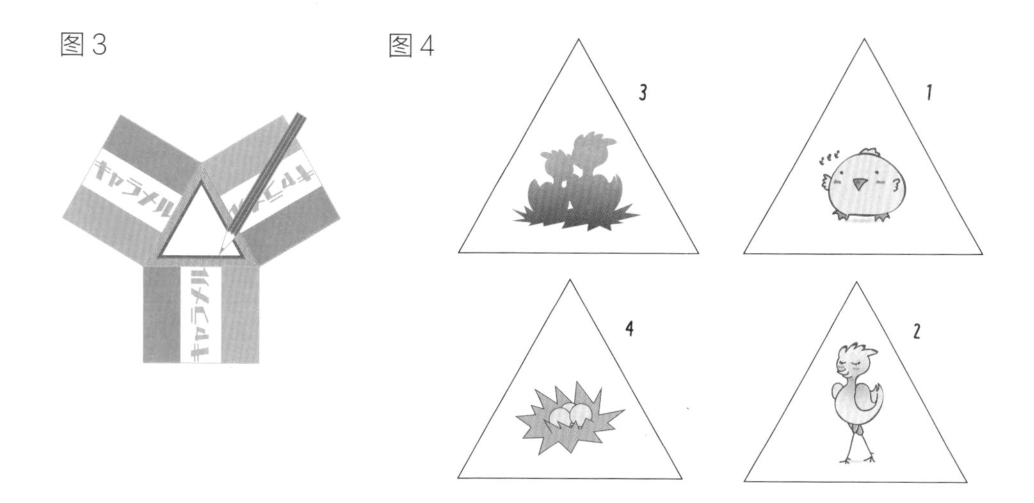

将 4 个三角形粘成正四面体，漫画需要朝向里侧。

然后，剪去正四面体的 4 个小角（图 5）。

从小孔里看去，分别可以看到一格漫画。按照四格漫画的编号，在小孔旁边也标注上 1、2、3、4。

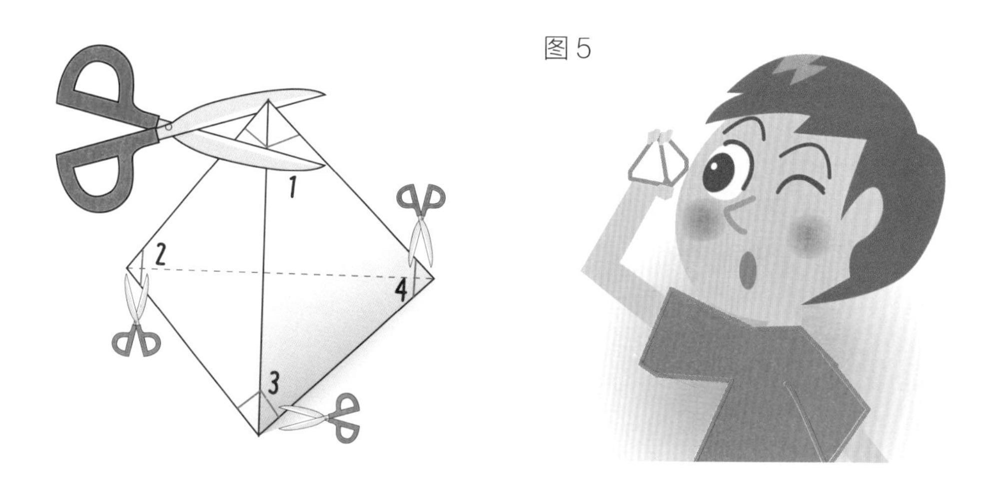

从小孔往里看，只能看到正对面的漫画。按照顺序看完四格漫画，然后讲一讲这个故事吧。

九九乘法表中，奇数和偶数哪个多

8月16日

东京学艺大学附属小学
高桥丈夫老师撰写

阅读日期 月 日 月 日 月 日

偶数和奇数是怎样的数？

九九乘法表大家都很熟悉了吧。今天我们的学习内容就与九九乘法表有关。

在谈九九乘法表之前，首先问一问大家，你知道偶数和奇数吗？偶数是能被 2 整除的整数。在九九乘法表中，2、4、6、8 与其他数的乘积都是偶数。

奇数是不能被 2 整除的整数。1、3、5、7、9、11、13 等，都是奇数。偶数和奇数，挨着排列。偶数与偶数之间，是奇数；奇数与奇数之间，是偶数。

九九乘法表中的偶数和奇数

在九九乘法表的乘积中，偶数和奇数哪个多？有的小伙伴可能会想，大概是一半一半吧。

请仔细观察图 1，偶数是用红色标注的。

没错，其实偶数比奇数要多哟。那么，为什么偶数会比较多呢？

九九乘法表里的数，是两个数的积。这里的答案，遵循着某种规律：偶数 × 偶数 = 偶数，偶数 × 奇数 = 偶数，奇数 × 偶数 = 偶数，奇数 × 奇数 = 奇数。

也就是说，只有2个奇数的积才是奇数，比如1×1、1×3、3×5，等等。奇数与偶数相乘都得偶数，所以偶数数量是压倒性的。

图1

	1	2	3	4	5	6	7	8	9
1	1	2	3	4	5	6	7	8	9
2	2	4	6	8	10	12	14	16	18
3	3	6	9	12	15	18	21	24	27
4	4	8	12	16	20	24	28	32	36
5	5	10	15	20	25	30	35	40	45
6	6	12	18	24	30	36	42	48	54
7	7	14	21	28	35	42	49	56	63
8	8	16	24	32	40	28	56	64	72
9	9	18	27	36	45	54	63	72	81

偶数×偶数=偶数

偶数×奇数=偶数

奇数×偶数=偶数

奇数×奇数=奇数

在1月17日，我们还用掷骰子的方法，研究了偶数和奇数谁多的问题。

请节约用水！一个人一天要用多少水

8月17日

东京都　丰岛区立高松小学
细萱裕子老师撰写

阅读日期　月　日　月　日　月　日

等于300盒牛奶？

你知道自己每天会用掉多少水吗？在日常生活中，无论上厕所、洗澡、刷牙、洗脸、喝水、做菜、洗衣服……都要用到水。

上厕所和洗衣服，根据实际情况，用水量有所差别。大家也对白家的用水量做一个小调查吧。

据说，一个人一天的用水量约为 300 升。等于 300 盒 1 升的牛奶，150 盒 2 升的牛奶。每个环节的用水量是多少，又应该如何节水呢？我们可以去寻找自己的答案。

吃惊！厕所用掉的水

在家庭用水中，排在首位的要数抽水马桶了，大按钮一次冲水 8 升，小按钮一次冲水 6 升。其次，泡澡是用水的第二大户，一浴缸的水大概有 200 升。如果选择淋浴，1 分钟大概出水 12 升，洗 10 分钟就会花掉 120 升水。

打开水龙头，里面 1 分钟会流出 12 升水。假设洗脸用时 1 分钟，需要用水 12 升。

刷牙漱口时，有的人会习惯开着水龙头，那么 30 秒里会用掉 6 升水。当然使用水杯的话，只用 0.2 升水就够了。

同样，如果洗碗的时候开着水龙头，那么 1 分钟会用掉 12 升水。如果我们加快洗碗速度，或是在盆里装水漂洗，就能够节约一些水。

抽水马桶的出水量，根据马桶的型号有所不同。有意思的是，通常老型号的马桶出水量多，大按钮一次可能冲水 13–20 升，反而是新型马桶的出水量节约了许多，有的大按钮一次才冲水 4 升。

有趣的勒洛三角形

8月 18日

大分县　大分市立大在西小学
二宫孝明老师撰写

阅读日期　月　日　月　日　月　日

用圆规和尺子画一画

勒洛三角形是一种有趣的图形，使用圆规和尺子就可以画出它来。按照图 1 的方法，来画一画吧。

①首先，画一个正三角形。

②然后，以等边三角形每个顶点为圆心，以边长为半径，在另两个顶点之间画一段弧。

③最后，擦去正三角形。

怎么样？一个有点儿圆乎乎的三角形就画出来了。勒洛三角形是由三段弧线围成的曲边三角形，并且不管怎样倾斜，它的宽都是恒定的。

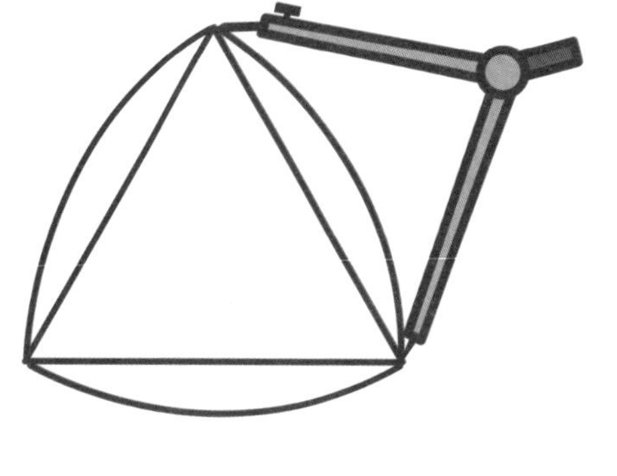

图 1　勒洛三角形的画法

很实用的勒洛三角形

在古代，人们运输重物的时候，常在物品下面垫一个木板，再在木板下方垫一排圆木头，利用圆木头的滚动来移动重物。圆木头的横切面是圆形的，所以不管如何滚动，地面到木板的距离都相同。因此，木板上面的物品，就可以稳稳当当地移动啦。

如果把圆形的木头，换成横切面是勒洛三角形的木头，会怎么样呢？不管如何滚动，地面到木板的距离，还是始终相同的，物品仍然会被平平稳稳地运输哟（图2）。

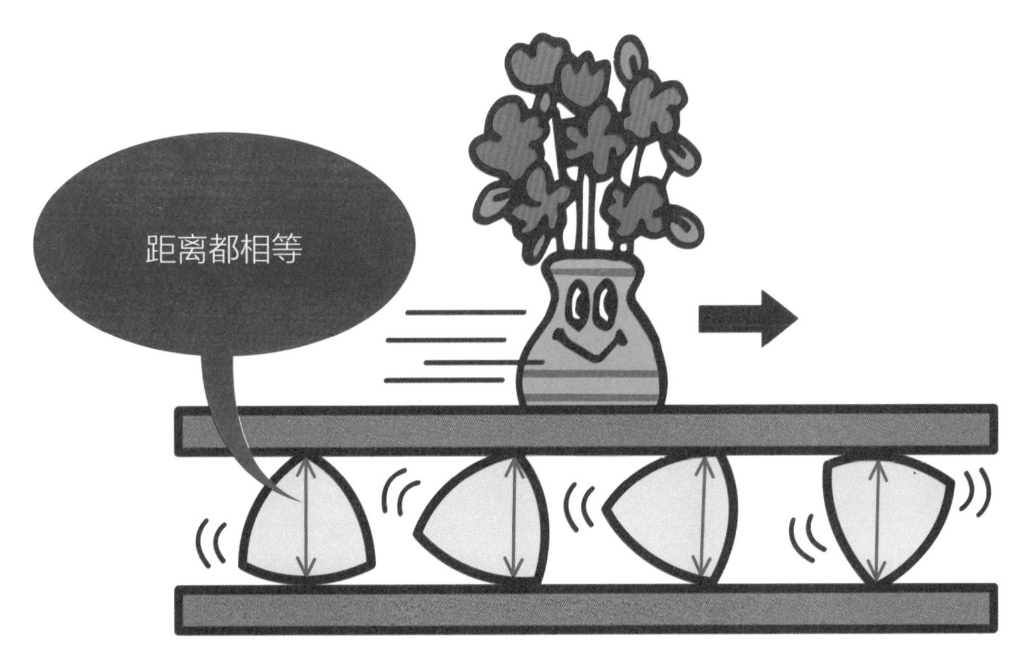

图2　使用宽不变的图形制作成木头，无论如何滚动，地面到木板的距离都相同。因此，木板上面的物品，就可以稳稳当当地移动啦。

为什么常见的井盖都是圆形的呢？因为圆形的井盖不会掉入井口（见3月28日）。根据相同的理由，勒洛三角形也是适合井盖的形状哟。

用数学猜到你的手机号

8月19日

东京学艺大学附属小学
高桥丈夫老师撰写

阅读日期 月 日 月 日 月 日

体验神奇的计算

今天，我们来体验一个可以猜到对方手机号的魔术。

假设对方的手机号是 XXX-1234-5678（只需要猜出后 8 位）。

①将计算器交给对方。首先，输入 XXX 之后的四位数，即 1234。

②然后，乘以 125，即 1234 × 125 = 154250。

③将得数乘以 160，即 154250 × 160 = 24680000。

④接着，加上最后的四位数，即 24680000 + 5678 = 24685678。

⑤再加一次最后的四位数，即 24685678 + 5678 = 24691356。

⑥最后，让对方喊出这个数，你来除以 2，即 24691356 ÷ 2 = 12345678。

完美！ XXX 之后的八位数就这样猜出来啦。

为什么能猜到手机号？

为什么能猜出手机号呢？这就来揭秘。

首先，125 × 160 = 20000。XXX 之后的四位数乘以 20000，就等于扩大 2 万倍。然后，又加上了两次后四位数，相当于是将 XXX 之后的八位数乘以 2。也就是步骤⑤的答案。

将这个数除以 2，那么 XXX 之后的八位数自然而然就出来了。

在进行手机号猜谜游戏时，因为涉及个人隐私，所以最好在熟人之间进行，比如我们的爸爸妈妈。

曾吕利新左卫门的米粒

8月20日

东京都　丰岛区立高松小学
细萱裕子老师撰写

阅读日期　月　日　月　日　月　日

“很好满足”是真的吗？

古时候，在日本的丰成秀吉麾下，有一个叫曾吕利新左卫门的人。他能力出众、足智多谋，深受丰成秀吉的器重。有一天，丰成秀吉问他：“你想要什么奖赏？”曾吕利新左卫门是这样回答的。

“第 1 天请赏赐 1 粒米，第 2 天 2 粒，第 3 天 4 粒……每天都是前一天的 2 倍。请您赏赐我一个月的米吧。”丰成秀吉觉得这个要求“太容易满足了”，就命

第 1 天…1 粒米
第 2 天…2 粒米（1×2）
第 3 天…4 粒米（2×2）
第 4 天…8 粒米（4×2）
第 5 天…16 粒米（8×2）
第 10 天…512 粒米（256×2）
第 15 天…16384 粒米（8192×2）
第 17 天…65536 粒米（32768×2）

※约 1 升，约 1.5 千克

第 20 天…524288 粒米（262144×2）
第 25 天…16777216 粒米（8388608×2）
第 26 天…33554432 粒米（16777216×2）

※约 10 俵，约 600 千克

第 30 天…536870912 粒米
（268435456×2）

※约 8948 升，224 俵

※表示一个大概的重量。采用最接近这个重量的数值。

令下人赏赐给他这些米粒。不过，正如图 1 所示，赏赐的米粒增长速度可是十分迅猛呀。

一个月是 672 年的分量？

在当时，一个人一年能吃掉的大米数量为 1 俵。仅是第 30 天，就需要赏赐 224 年分量的大米。从第 1 天到第 29 天，则一共需要赏赐 448 俵大米。

秀吉后来意识到难以实现这个赏赐，于是就给了曾吕利新左卫门其他的奖赏。

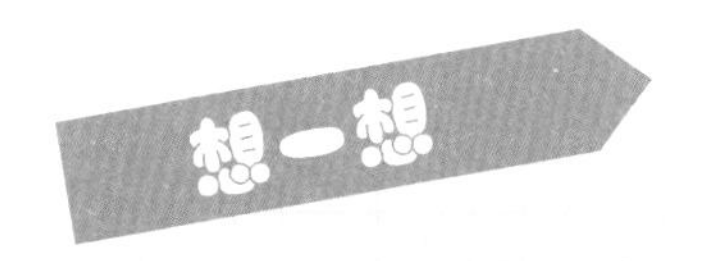

对折报纸达到富士山的高度

以同样的思考方式，来试试这道题吧。假设报纸的厚度是 0.1 毫米，对折几次后报纸的厚度可以超过富士山的海拔高度呢？对折 1 次的厚度是 0.2 毫米，对折 2 次是 0.4 毫米……富士山的海拔高度是 3776 米。

合、升、斗、俵、石都是日本古代的计量单位。1 俵大米的重量约为 60 千克。1 俵 = 40 升，1 升 = 10 合，1 俵 = 400 合。煮 1 合大米，就是 2–3 碗饭。“想一想”的答案为 26 次（详见 7 月 23 日）。

古时候的计算工具 “纳皮尔算筹”

8月 21日

大分县　大分市立大在西小学
二宫孝明老师撰写

阅读日期　月　日　月　日　月　日

除了算盘还有哪些计算工具？

乘数	0	1	2	3	4	5	6	7	8	9
0	0/0	0/0	0/0	0/0	0/0	0/0	0/0	0/0	0/0	0/0
1	0/0	0/1	0/2	0/3	0/4	0/5	0/6	0/7	0/8	0/9
2	0/0	0/2	0/4	0/6	0/8	1/0	1/2	1/4	1/6	1/8
3	0/0	0/3	0/6	0/9	1/2	1/5	1/8	2/1	2/4	2/7
4	0/0	0/4	0/8	1/2	1/6	2/0	2/4	2/8	3/2	3/6
5	0/0	0/5	1/0	1/5	2/0	2/5	3/0	3/5	4/0	4/5
6	0/0	0/6	1/2	1/8	2/4	3/0	3/6	4/2	4/8	5/4
7	0/0	0/7	1/4	2/1	2/8	3/5	4/2	4/9	5/6	6/3
8	0/0	0/8	1/6	2/4	3/2	4/0	4/8	5/6	6/4	7/2
9	0/0	0/9	1/8	2/7	3/6	4/5	5/4	6/3	7/2	8/1

图 1　一组“纳皮尔算筹”一共有 11 根小棒。

在没有计算器的时代，古人是如何进行大数的计算呢？加法、减法还不算太难，涉及乘法和除法的话，可就费力了。为了让计算既准确又快速，算盘这个计算“神器”诞生了。

在英国，约翰·纳皮尔发明了“纳皮尔算筹”这一计算工具。如图 1 所示，一组“纳皮尔算筹”由 11 根写满数字的小棒组成，这些数字和九九乘法表息息相关。接下来，我们以 213×46 为例，来说明一下算筹的使用方法。

“纳皮尔算筹”的使用方法

如图 2 所示，将算筹摆放好。找到乘数算筹中 4 和 6 分别在算筹 2、1、3 中对应的数，然后斜向相加。如图 3 所示，为了让大家更好地理解，把 4 和 6 对应的数单独列出来了，答案就是 9798。只需要进行加法运算，对于不知道九九乘法表的人，真的是太方便了。

拥有了“纳皮尔算筹”，即使记不住九九乘法表，也可以进行复杂的乘法运算，因此这个计算工具被广泛使用。“纳皮尔算筹”的材料，既可以是动物的骨头，也可以是木头、金属等，它的尺寸通常便于携带。有兴趣的小伙伴，可以使用纸板来做一做属于自己的“纳皮尔算筹”。

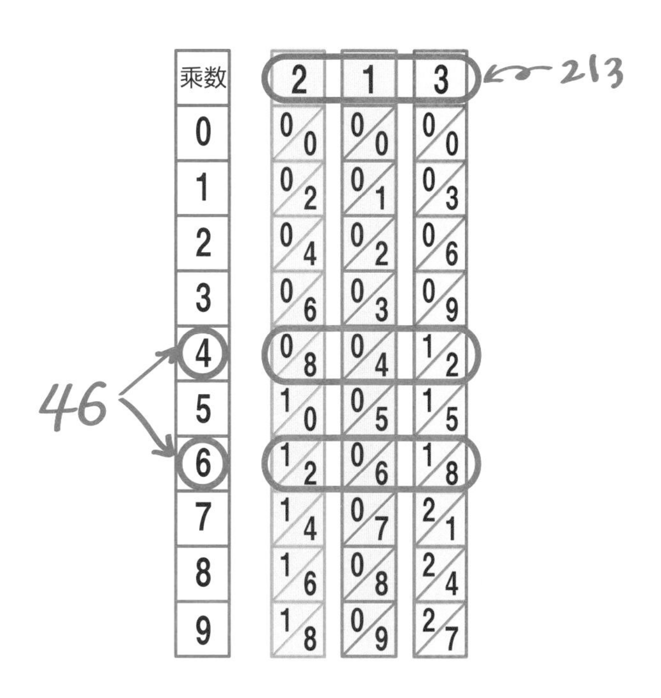

图 2　将乘数算筹摆在左侧，将 2、1、3 算筹放在右侧。

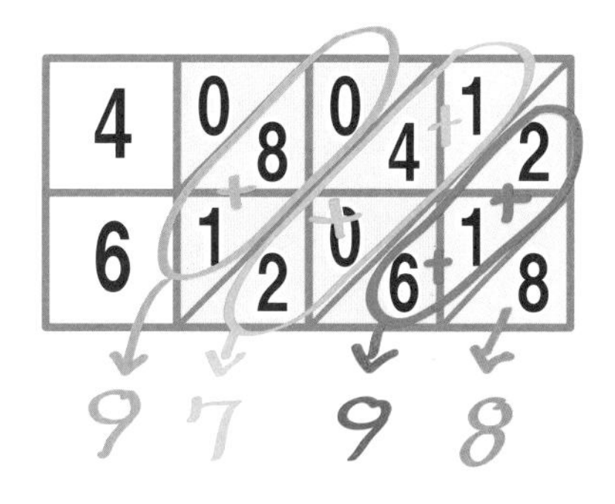

图 3　最右边的 8 直接写下。如果计算 213×64，则需要把两行位置对调（见 3 月 31 日）。

约翰·纳皮尔（1550–1617 年）是苏格兰的数学家、神学家。他出生于苏格兰爱丁堡附近的小镇梅奇斯顿，是梅奇斯顿城堡的第 8 代领主。纳皮尔曾经提出过小数点的概念。

你喜欢图形变身吗？巧变正方形和长方形

8月22日

学习院小学部
大泽隆之老师撰写

阅读日期 月 日 月 日 月 日

剪一剪，贴一贴，想一想

你能将图 1 的图形变成正方形吗？可以试着剪一剪、贴一贴，让图形来一个大变身。当然，只剪不贴可是不行的哟（图 2）。

还真是有许多的剪贴方法呢。能想出许多变身方法的小伙伴，肯定有个灵活的小脑瓜。

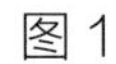

图 1

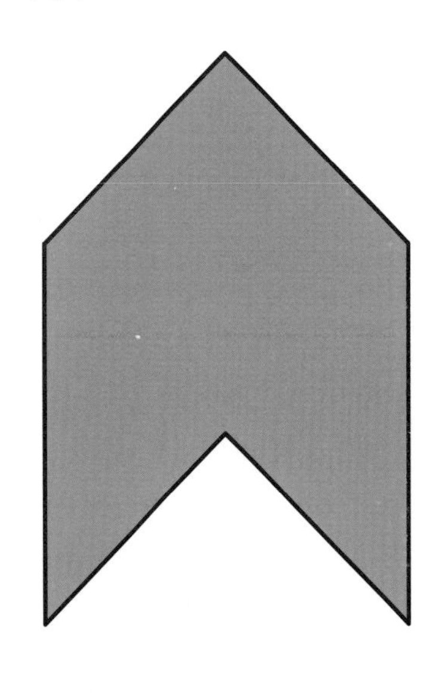

图 2

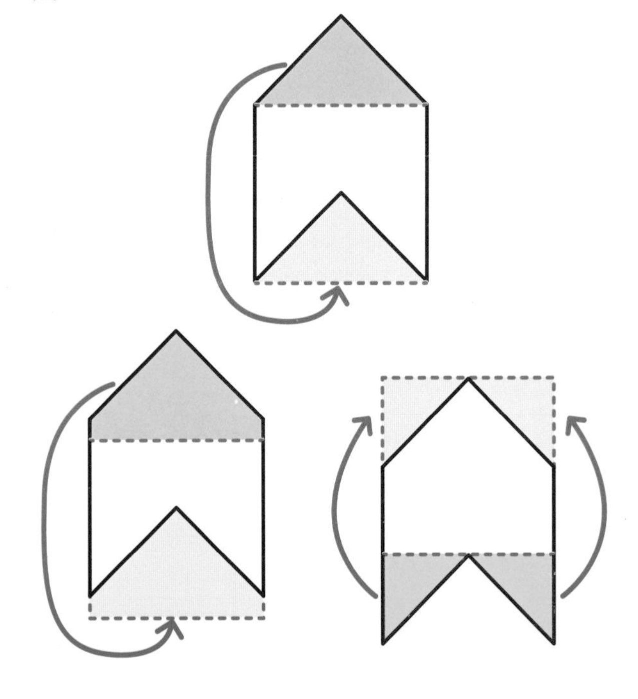

那么，再来看看图 3 的图形。剪一剪、贴一贴，你能让它变成长方形吗?

当我们找到意想不到的变身方法，也是一件趣事呀（图 4）。

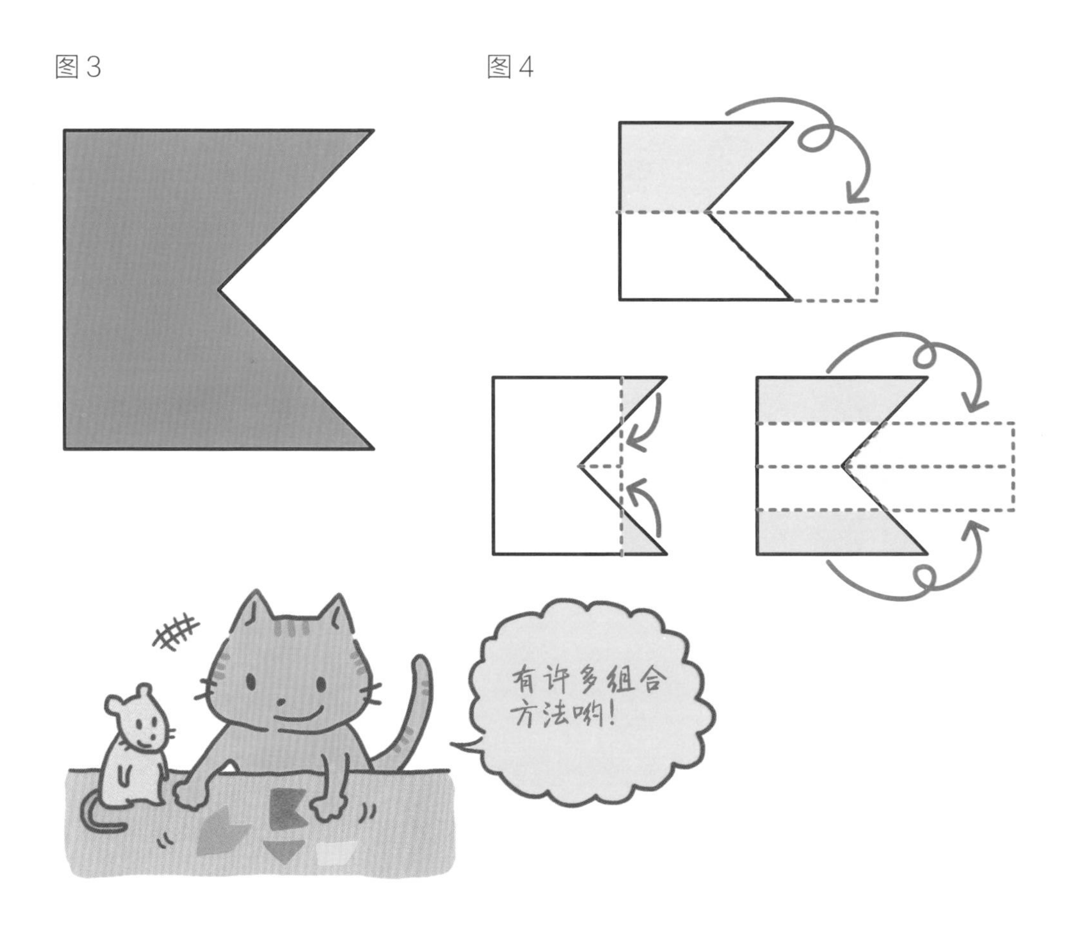

当你沉浸在要如何剪、如何贴的变身游戏中时，证明你已经喜欢上数学啦。

最擅长的运动是什么

8月
23日

东京学艺大学附属小学
高桥丈夫老师撰写

阅读日期 月 日 月 日 月 日

擅长的运动是什么？

4 个小伙伴正在谈论他们最擅长的运动，恰好 4 人擅长的都不一样。

通过右页图中他们的对话，你可以猜出每个人最擅长的运动吗？

整理成表格吧！

信息好像有点儿杂乱，脑子晕乎乎的。别急，将接收到的信息整理成表格就清爽啦。

	棒球	游泳	网球	足球
友佳同学	×	×		
结城同学		○		○
小樱同学	×	○	×	×
雅纪同学	○		○	○

首先，我们可以肯定小樱同学擅长的运动一定是游泳。因为每个人擅长的运动都不同，所以在游泳和足球上有特长的结城同学，最厉害的就是足球。再来看看网球和足球都很拿手的友佳同学，她最擅长

的就是网球了。

最后剩下的运动项目是棒球，它就是雅纪同学最擅长的运动。

对于这类逻辑推理题，我们可以按照给定的条件按顺序进行整理。使用表格或图，有助于我们理解问题，发现答案。

观众人数正好是 5 万人吗

8月 24日

神奈川县　川崎市立土桥小学
山本直老师撰写

阅读日期　月　日　月　日　月　日

报纸标题与实际人数

当一场盛大的体育赛事或演唱会落下帷幕后，第二天的报纸总会以这样的标题来进行报道："赛事火爆，吸引观众达 10 万人！""5 万人享受视听盛宴！"一方面，我们知道有很多观众来到赛事或演唱会的现场，但另一方面，我们也有些疑惑，观众正好就是 10 万人或 5 万人吗？

答案当然是否定的。这里的标题想要表达的意思是，很多人来到了现场，提供的是一个大概的数字。那么，这与实际人数又相差多少呢？

四舍五入的表现方式

想不到，演唱会实际的观众只有 4.8 万人。把 4.8 万说成 5 万，这难道不是骗人吗？其实，这里运用了四舍五入的表现方式，来表示一个近似数。

四舍五入，是一种计数保留法。为计算方便，只保留若干位，其余的首位数如果在 5 以下，就舍去，5 或 5 以上则在所取数的末位上加一。比如，46000 人如果要表示为“× 万人”，千位数在 5 以上，因此在万位数上加 1，即“5 万人”；如果是 4 万 3 千人，千位数在 5 以下，因此舍去，即“4 万人”。也就是说，如果“5 万人享受视听盛宴！”这个标题采用的是四舍五入的计数方法，那么实际的观众可能是 45000-54999 人。根据不同的用途，人们会选择使用实际人数或近似人数。

近似人数？实际人数？

过去，日本媒体在报道棒球比赛的观众数量时，会用一个近似人数（例①），近年来则越来越倾向于使用实际人数（例②）。那么，我们身边的体育赛事、演唱会等大型活动，媒体是用怎样的方式来形容人数的呢？感兴趣的小伙伴可以查一查。

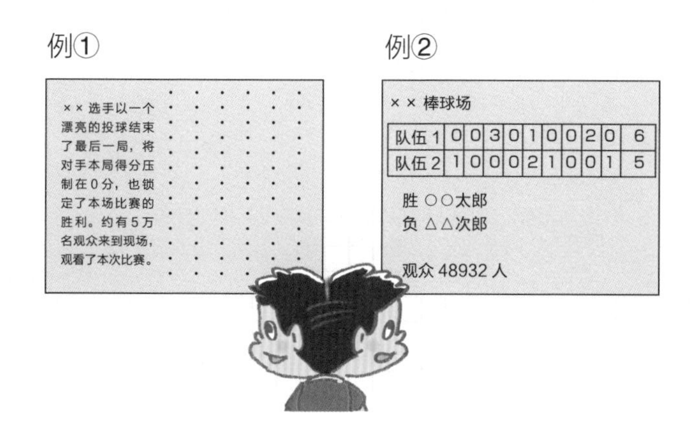

近似数是指与准确数接近的一个数。经过四舍五入、进一法、去尾法等方法，得到的近似数是一个与原始数据相差不大的数。

计算器采用的数制！神奇的二进制

8月25日

东京都　丰岛区立高松小学
细萱裕子老师撰写

阅读日期　月　日　月　日　月　日

生活中的十进制

十进制		二进制	读法
0	⇒	0	零
1	⇒	1	一
2	⇒	10	一零
3	⇒	11	一一
4	⇒	100	一零零
5	⇒	101	一零一

2 ↙ 逢二进一 10

12 ↙ 逢二进一 20 ↙ 逢二进一 100

日常生活中出现的数字，由 0、1、2、3、4、5、6、7、8、9 这 10 个基本数字组成。10 个 1 聚在一起，就要向十位数进位；10 个 10 聚在一起，就要向百位数进位……满十进一，每相邻的两个计数单位之间的进率都为十的计数法则，就叫作十进制。

因此，2345 可以表示为 $1000\times2+100\times3+10\times4+1\times5$（$=2000+300+40+5$）。

0 和 1 表示的二进制

虽然十进制是我们在生活中使用最多的数制，但其实还有许多其他的数制。其中，二进制就是与我们生活十分亲密的一种数制。在二进制中，只有 0 和 1 这两个基本数字，它的进位规则是逢二进一。

比如，将十进制中的“2”，用二进制来表示，会是什么呢？逢二进一，所以在二进制中表示为“10”。此时，这个数不读“十”，而读作“一零”。再来看看十位数的“4”，如何用二进制来表示？一位出现两个2，就要向二位进位两次，得“20”；二位出现2，就要向三位进位，得“100”。此时，这个数不读“一百”，而读作“一零零”。

各种数制都可以表示所有的数字。

用手指表示二进制

用我们的手指也可以表示二进制哟。两只手，10个手指，一共可以表示多少数呢？大家来试一试吧（见3月29日）。

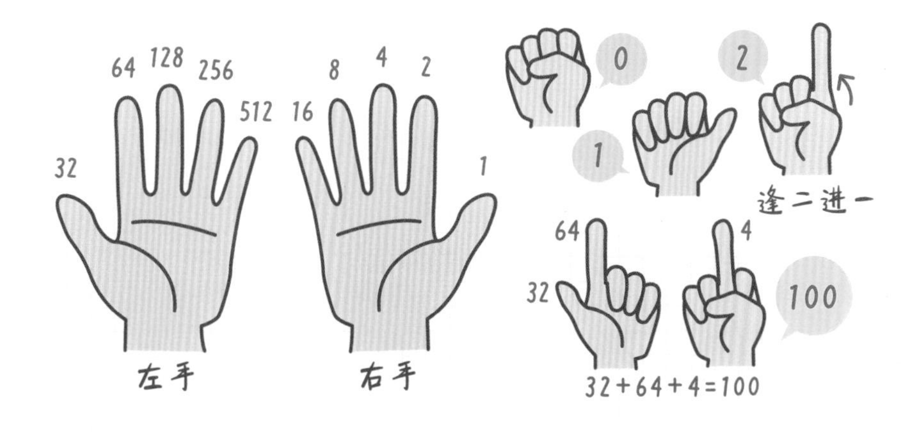

二进制是计算器中广泛采用的一种数制。两个基本数字，可以组合出各种操作指令，例如，开、关机就由1和0所表示。

挑战“清少纳言智慧板”

8月26日

青森县　三户町立三户小学
种市芳文老师撰写

阅读日期　月　日　月　日　月　日

七巧板游戏的一种

在2月20日，我们介绍了七巧板游戏。其中，“清少纳言智慧板”是日本土生土长的七巧板。为什么会带有“清少纳言”这四个字呢？一是因为它由日本平安时代著名的女作家清少纳言发明，二是表示沉迷这种游戏的人都像清少纳言一样有智慧。难，还是不难，实际摆一摆才知道。

如图1所示，这就是一个“清少纳言智慧板”。我们可以用厚纸板，按照图1，做出一个简易的七巧板。

图1

※每一块板都可以翻过来使用。

摆一摆七巧板

做好七巧板后，我们就可以开始挑战图 2 的题目了。在这些剪影的背后，都蕴藏着江户时代的风情，既有美感又有趣味（答案是图 3）。

图 2

图 3

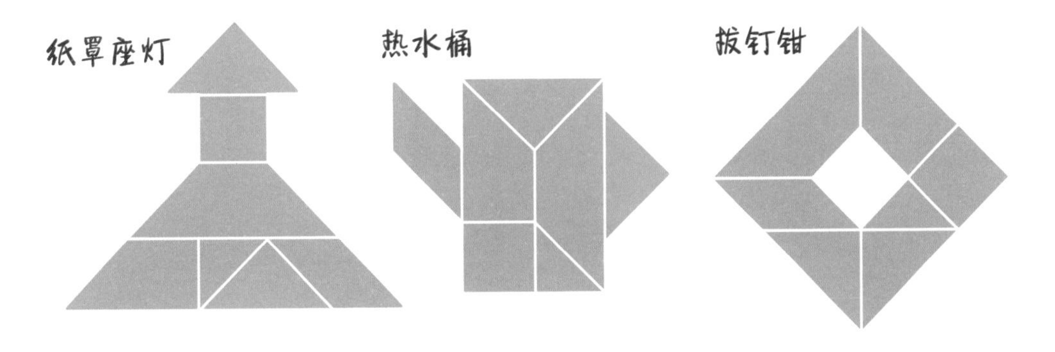

在 1742 年出版的《清少纳言智慧板》中，介绍了许多种七巧板。据说七巧板的发明是受到唐代“燕几图”的启发，不过中国现存最早的关于七巧板的书籍《七巧图合璧》，出版于 1813 年。

计算器坏掉了

8月 27日

筑波大学附属小学
盛山隆雄老师撰写

阅读日期 月 日 月 日 月 日

使用坏掉的计算器

哎呀糟糕，计算器的按键 2 坏掉了。

如果现在要用这个坏掉的计算器进行 18×12 的计算，应该怎么做呢？

我们可以想一想，要用什么按键来代替。

进行 18×12 的计算

接下来介绍几种方法，希望大家可以想出更多的办法哟。

方法 1 是基于加法的运算。虽然有点儿麻烦，但是用计算器的话，也还好啦。

1

18 + 18 + 18 + 18 + 18 + 18 + 18 + 18 + 18 + 18 + 18 + 18 = 216

方法 2 和方法 3 是基于乘法的运算。

方法 4 中似乎需要用到按键 2，其实把算式当成 $18\times13-18=216$ 就可以了。

4
$18\times13=234$
$234-18=216$

2
$18\times6=108$
$108+108=216$
3
$18\times11=198$
$198+18=216$

方法 5 把 12 拆成了 3×4。

5
$18\times3\times4=216$

方法 6 把 12 当作 $60\div5$。

6
$18\times60=1080$
$1080\div5=216$

将乘法看作相同数字的加法，或者将 12 看作（11 + 1）、（6 + 6）、（3×4）、（13 − 1）、（$60\div5$），都是另辟蹊径、举一反三的能力。

玩一玩骰子的益智游戏

8月28日

神奈川县　川崎市立土桥小学
山本直老师撰写

阅读日期　月　日　月　日　月　日

使用正方体的展开图

将正方体展开之后能得到 11 种展开图。如果将多个正方体展开图组合在一起，就成了骰子益智游戏。

如图 1 所示，它由两个骰子的展开图组成。你知道，两幅展开图的分割线在哪里吗？

首先，我们知道骰子相对的两个面的点数之和是 7。因此，当骰子变成展开图的时候，那两个面的点数之和也会是 7。

正方体的面需要相连

考虑到两个相对面的和是 7，我们可以发现图 2 的白色部分，正好就是一个骰子的展开图。但是这样的话，最右边 4 点的面就变得孤零零的了，那么另一个骰子的展开图就不存在了。

虽然错了，但是没关系，我们继续来找展开图。稍微改变一下图 2 白色十字的位置，就会发现图 3 的白色部分，也是一个骰子的展开图。图 3 的黄色部分，是另一个骰子的展开图。按照同样的方法，我们可以用 3 个、4 个展开图组成属于自己的骰子益智游戏。

图 2

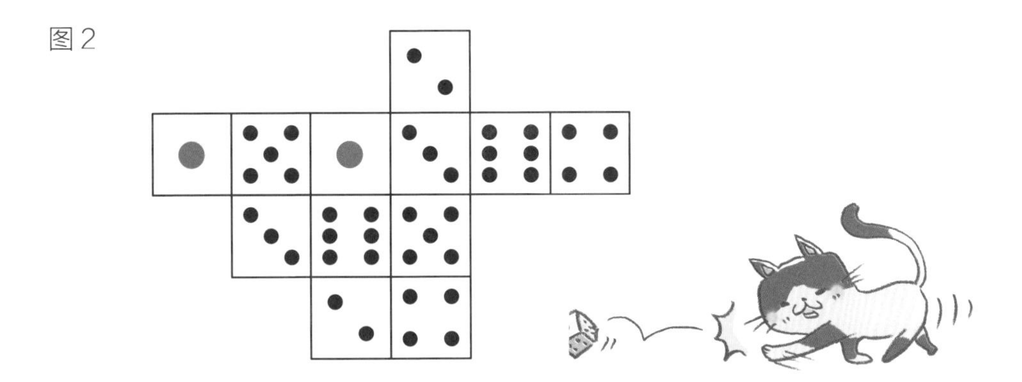

图 3

利用长方体的展开图，也可以组成相似的益智游戏。这时候需要思考的是，不同长度的棱长应该如何进行组合。

算吧！答案绝对是 6174

8月29日

东京学艺大学附属小学
高桥丈夫老师撰写

阅读日期 月 日 月 日 月 日

神奇的四位数计算

今天我们将来演示一种神奇的四位数计算——答案都是 6174 哟。

①首先，请想出一个四位数，4 个数字均为同一个数的除外（如 1111 或 2222）。有 1 个数字不同即可。假设我们选择了 1223 这

个数。

②然后，取这 4 个数字能构成的最大数和最小数，再让最大数减去最小数。

反复进行这个步骤，直到结果陷入数学黑洞，不再发生变化。这个数就是“6174”。

马上开始计算吧！

把 1223 进行调整，能构成最大数 3221 和最小数 1223。3221 - 1223 = 1998；把 1998 进行调整，能构成最大数 9981 和最小数 1899。9981 - 1899 = 8082；把 8082 进行调整，能构成最大数 8820 和最小数 0288。8820 - 288 = 8532；把 8532 进行调整，能构成最大数 8532 和最小数 2358。8532 - 2358 = 6174；把 6174 进行调整，能构成最大数 7641 和最小数 1467。7641 - 1467 = 6174。接下来，差将再也不变，逃不出 6174 这个黑洞。

6174 被称为卡普雷卡尔常数。对于这一类数学黑洞，无论最开始的数值是什么，在规定的处理法则下，最终都将得到固定的一个值。

要选哪个纸杯呢

8月
30日

御茶水女子大学附属小学
冈田纮子老师撰写

阅读日期 月 日 月 日 月 日

糖果在哪个纸杯里？

将 10 个纸杯标上数字 1-10。在所有纸杯中，只有 1 颗糖果。请猜一猜糖果在哪个纸杯里（图 1）？

图 1

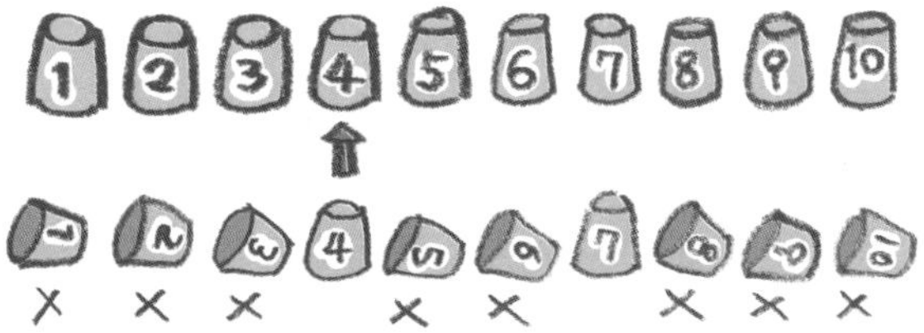

图 2

现在，你已经选好了吧，假设选的是 4 号纸杯。

将未选中的纸杯一个一个地打开，里面都没有糖果。

最后，只剩下 4 号纸杯和 7 号纸杯，糖果一定在这两个纸杯之中。这时，我们再获得一次选择的权利。是坚持最初的 4 号纸杯，还是换成 7 号纸杯？要不要改变选择呢？

改不改？换不换？

最后剩下的纸杯只有 2 个，那么选择任意一个纸杯，里面有糖果的概率应该就是$\frac{1}{2}$吧（图 3）。但实际上，7 号纸杯有糖果的概率，居然是 4 号纸杯的 9 倍。

这个结论让人有点儿摸不着头脑，我们慢慢来解释。一开始准备了 10 个纸杯，所以 4 号纸杯里有糖果的概率是$\frac{1}{10}$，糖果在其他纸杯的概率是$\frac{9}{10}$（图 4）。

图 3

是 4 号还是 7 号？

图 4

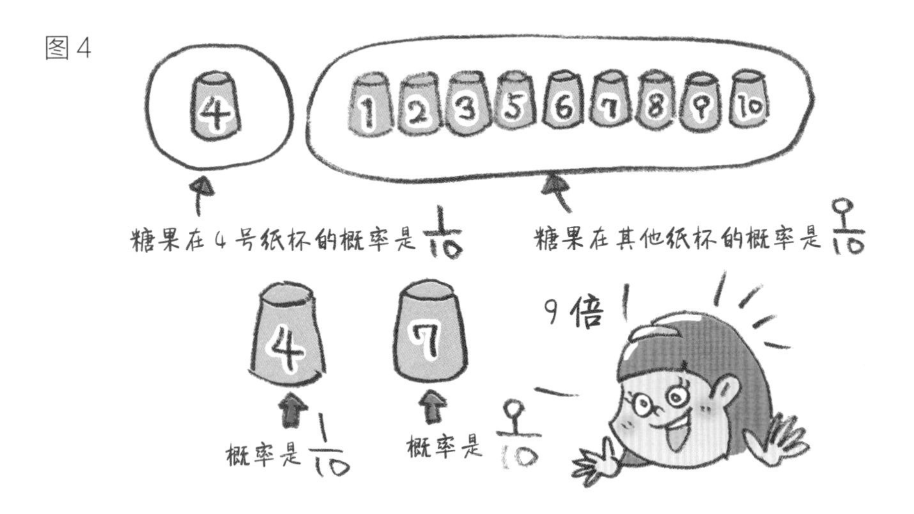

等到其他纸杯被一个个打开后，比起 4 号纸杯，选择 7 号纸杯有糖果的概率就增加了。

让纸杯数量增加，再做一次实验。如果有 100 个纸杯，放入 1 颗糖果。选择其中一个纸杯后，把其他纸杯一个个打开。最后剩下的另一个纸杯有糖果的概率，是最初选择的 99 倍。

“改不改？换不换？”将这个问题抛给家人和朋友，看看他们有什么回答吧。

这一选择被称为“蒙蒂·霍尔问题”，出自美国的一档电视游戏节目，曾一度引起热烈的讨论。

人类的大发明！0 的诞生

8月31日

大分县　大分市立大在西小学
二宫孝明老师撰写

阅读日期　月　日　月　日　月　日

不可思议的“0”

数数、运算，我们每天的生活都充满了数。在表示数的时候，我们会使用 0、1、2、3、4、5、6、7、8、9 这 10 个数字。与其他数字相比，0 的地位显得有些特殊。比如，我们会说“草莓有 1 个、2 个……”，但不会说“草莓有 0 个”。

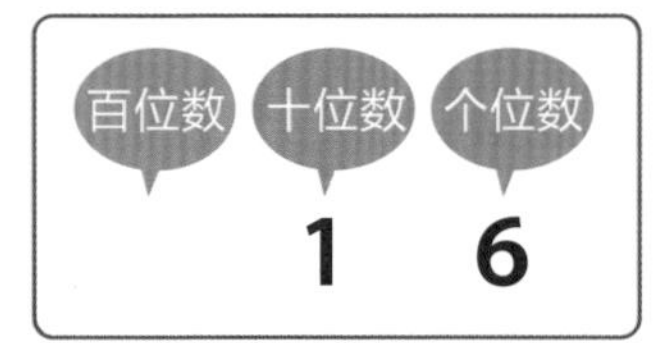

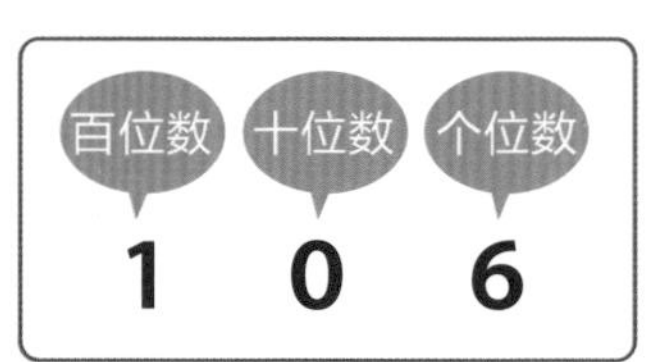

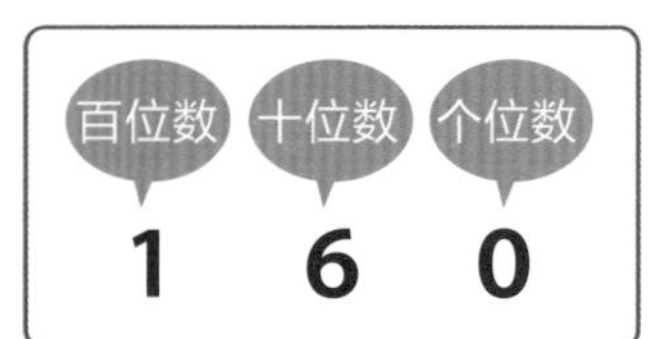

因为有了 0，每个数字都可以好好地待在自己的位置上了。

“十六”“一百六”“一百六十”……当缺少 0 的存在时，很可能会出现数的混淆。0 在多位数中起到占位的作用，可以用来表示某数位上的没有。

古印度人发明了它

在古代，有的国家在表示数的时候，没有 0 的存在。比如，古埃及就用不同数量的小木棒表示 1-9。此外，他们还使用“脚镣”代表 10、“绳子”代表 100、“荷花”代表 1000。当数继续增大时，就必须产生新的数字符号了。

数字 0 在古印度诞生。古印度人最早用一个黑点“·”表示，后来逐渐变成了“0”。有了 0，不论多大的数，都可以只用 10 个数字来表示了。

从古时候开始，印度人就很擅长计算。他们在加法、减法中都早早引入了 0 的概念。0 的发明，从印度逐渐传播到世界各地。

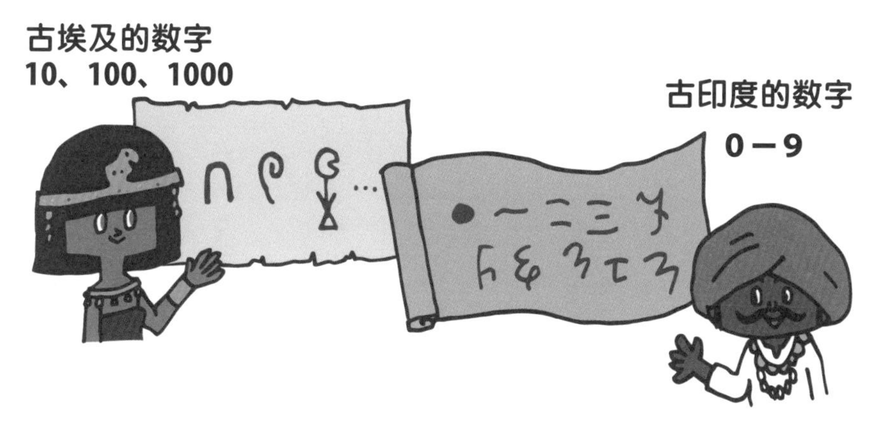

当古埃及的数增大时，必须产生新的数字符号。而古印度的数，只需要 10 个数字就足够表达了。

使用 0–9 这 10 个数字，实行满十进一的计数法，叫作“十进制”。